AIエディタ Cursor 完全ガイド

やりたいことを伝えるだけでできる
新世代プログラミング

著 木下雄一朗

Ohmsha

【本書のサポートページ】
https://github.com/kinopeee/cursor-perfect-guide

本書に掲載されている会社名・製品名は、一般に各社の登録商標または商標です。

本書を発行するにあたって、内容に誤りのないようできる限りの注意を払いましたが、本書の内容を適用した結果生じたこと、また、適用できなかった結果について、著者、出版社とも一切の責任を負いませんのでご了承ください。

本書は、「著作権法」によって、著作権等の権利が保護されている著作物です。本書の複製権・翻訳権・上映権・譲渡権・公衆送信権（送信可能化権を含む）は著作権者が保有しています。本書の全部または一部につき、無断で転載、複写複製、電子的装置への入力等をされると、著作権等の権利侵害となる場合があります。また、代行業者等の第三者によるスキャンやデジタル化は、たとえ個人や家庭内での利用であっても著作権法上認められておりませんので、ご注意ください。

本書の無断複写は、著作権法上の制限事項を除き、禁じられています。本書の複写複製を希望される場合は、そのつど事前に下記へ連絡して許諾を得てください。

出版者著作権管理機構
（電話 03-5244-5088、FAX 03-5244-5089、e-mail：info@jcopy.or.jp）

JCOPY ＜出版者著作権管理機構 委託出版物＞

まえがき

　プログラミングの常識が覆される──。そんな大変革の時代が、生成 AI の登場によって幕を開けようとしています。

　これまでプログラミングに欠かせないとされてきた、プログラミング言語の学習、フレームワーク、ライブラリ、API の理解、ロジックの組み立て、コードの記述といった一連のプロセス。しかし、生成 AI の力を借りれば、このプロセスを一変させることができるのです。

　AI に「こういうプログラムを書いて」と指示をするだけで、自動的にコードが生成されます。生成されたコードを実行し、イメージと異なる点があれば「こう直して」と AI に伝え、修正を繰り返すことで、理想のプログラムに近づけていきます。

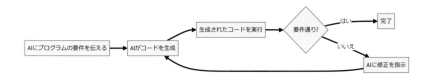

　AI だけでは対応が難しい場合、人間がコードを書くことになりますが、その際も AI によるさまざまなサポートが得られます。この新しい開発手法は、生産性を飛躍的に向上させるため、今後主流になっていくと予想されます。

　AI を用いたプログラミングによって、プログラミングはエンジニアだけのものではなくなります。私たちがふだん意思疎通に用いている自然言語で指示を出すだけでプログラムを作成できるようになれば、非エンジニア層も日常的にプログラムを作成するようになるでしょう。

　こうした変化に対応するため、開発ツールも AI ネイティブな環境へと進化しています。その先駆けとなるのが、「AI ファーストのコードエディタ」や「AI ペアプログラマーとして設計された IDE」と呼ばれる **Cursor**（カーソル）です。Cursor の機能を活用してプログラミングを行えば、まるで馬車の時代から自動車の時代へと一気に変わったかのような、驚くべきパラダイムシフトを体験

できるでしょう。

　本書では、Cursor の紹介だけでなく、その機能の説明、ケースごとの活用方法、効果的なプロンプトの書き方など、実践的なテクニックを幅広く取り上げています。プログラミング初心者からプロのエンジニアまで、AI を活用した新しいプログラミングのあり方を学べる一冊となっています。

　読者の皆さまが本書を手に取り、AI ネイティブなプログラミングの世界を体験することで、新しい時代の担い手となり、プログラミングの未来を切り拓いていかれることを心から願っています。さあ、Cursor を使って、AI とともにプログラミングの新時代を迎えましょう。

» 対象読者

　本書の対象読者は、AI によるプログラミングに興味を持つ幅広い層の方々です。

- プログラミング初心者
- プログラミング経験者
- プロのエンジニア層
- 非エンジニア層

　プログラミング初心者の方にとって、本書は AI を活用した新しいプログラミングの世界への入り口となるでしょう。従来のプログラミング学習では、文法や構文といった基礎知識を学ぶことから始まり、動くプログラムを作成するまでのハードルが高く、挫折しがちです。しかし、Cursor を使った AI ネイティブなプログラミングでは、自然言語の指示出しで動くプログラムを作り出すことができるため、プログラミングの面白さを感じながら、自然に基礎知識を身につけていくことができます。

　また、すでにプログラミング経験のある方にとっては、AI を活用した新しい開発手法を学ぶ絶好の機会となります。従来のプログラミングの知識を活かしつつ、AI との協働によってより効率的で創造的な開発を行うためのヒントが満載です。本書を通じて、これまでのプログラミング経験を、AI ネイティブな開発の世界で活かす方法を見出していただけるでしょう。

　さらに、プロのエンジニアの方にとっても、本書は大きな価値を提供します。

AIネイティブな開発環境であるCursorの活用方法や、プロンプトでの開発のコツなど、実践的なテクニックを詳細に解説しています。これらのテクニックを身につけることで、開発の生産性を大幅に向上させることができるでしょう。また、AIを活用した新しい開発手法のリーダーとして、チームをけん引していくためのヒントも得られます。

加えて、プログラミングに直接携わらない非エンジニアの方にとっても、本書は興味深い1冊となるはずです。AIを活用することで、プログラミングがより身近なものになる未来について、具体的なイメージを持つことができます。自然言語でのプログラミングの可能性を知ることで、自身の業務や趣味にプログラミングを活用するアイデアが生まれるかもしれません。また、AIネイティブな開発の概要を理解することで、エンジニアとのコミュニケーションもスムーズになるでしょう。

このように、本書は、プログラミング初心者からプロのエンジニア、そして非エンジニア層まで、幅広い読者を対象としています。AIネイティブなプログラミングの世界に興味を持つすべての方に、本書は新しい発見と学びの機会を提供します。皆さまのバックグラウンドや目的に応じて、本書の内容を活用していただければ幸いです。

» 前提知識

本書は、自然言語を用いたプログラミングの世界を幅広い読者に紹介することを目的としているため、プログラミング言語に関する前提知識は特に必要ありません。

プログラミングが初めての方でも、本書を通じてAIを活用した新しいプログラミングのあり方を体験していただけます。Cursorの使い方や、自然言語での指示出しによるプログラミングの基礎から丁寧に解説していますので、プログラミングの知識がない方でも無理なく読み進められるでしょう。

プログラミング経験者の方は、自身の知識を活かしながら、AIを活用した新しい開発手法を学ぶことができます。本書では、Python、JavaScript（React）、Go、Swift、Dart（Flutter）、シェルコマンドなど、さまざまなプログラミング言語での事例を紹介しています。これらの言語についての基礎知識があると、

本書の内容をより具体的に理解することができるでしょう。

　また、Cursor は Visual Studio Code（以下、「VSCode」と記します）をベースに開発されたエディタであるため、VSCode の使用経験がある方は Cursor の操作性をより素早く理解できます。Cursor の独自機能についての説明を読み進める際にも、VSCode との類似点と相違点を意識することで、よりスムーズに理解が進みます。

　さらに、ChatGPT や Claude などの対話型 AI 言語モデルを使ったことがある方は、本書で生成 AI に自然言語で指示を与えるイメージをより具体的に持つことができるでしょう。ただし、これらの知識は必須ではありません。

　本書では、Cursor で AI に対してプログラミングの指示をしていく手順を説明します。読者がコーディングを行う場面はありません。また、プログラミング言語そのものの詳細な説明は行いません。

» 本書の構成

　本書は、読者の皆さまに実際に Cursor を使用しながら、自然言語によるプログラミングを体験していただけるように構成されています。各章では、Cursor の機能や活用方法について、スクリーンショットを使ってステップバイステップで丁寧に解説しています。これにより、プログラミング初心者の方でも戸惑うことなく、AI を活用した自然言語プログラミングの流れを理解することができるでしょう。

　まず、Cursor を用いたプログラミングを体験していただくために、2 つのハンズオン例題を紹介します。次に、Cursor の主要な機能を説明し、設定方法についても解説します。その後、さまざまなプログラミング例題を通じて、Cursor を活用した開発の実践的なスキルを身につけます。最後に、Cursor での開発を行う際に役立つテクニックや Tips を紹介します。

　各例題で使用されたプロンプト、仕様書、生成されたプログラムのソースコードは GitHub で公開していますので、自由にダウンロードしてお使いいただけます。それをベースにしてさまざまな変更を加えながら、自分なりのプログラムを作成する練習ができます。

　ただし、生成 AI で作成されたソースコードは、同じ操作手順を踏んでも異

なる結果になる性質があるため、その点を理解した上で、あくまで参考資料として活用してください。

　Cursor は頻繁にアップデートが行われている進化し続けるソフトウェアです。本書の執筆終了以降も機能の名称や設定の場所、使い方などが変更される可能性があります。**こうした変更にも柔軟に対応できるよう、執筆終了以降の変更点をまとめたページを以下の GitHub リポジトリで公開します。本書の記載とお使いの Cursor 画面が異なる場合は、こちらをご確認ください。**

https://github.com/kinopeee/cursor-perfect-guide

本書で使用するソフトウェアとバージョンは以下の通りです。
- Cursor：0.33.1-0.35.0（執筆開始時点と執筆終了時点のバージョン）
- Python
  - Windows：3.12.3
  - macOS：3.10.14

各例題での必要環境については、それぞれの例題内で説明します。

　注意点として、本書に掲載されている Cursor のスクリーンショットは、撮影のタイミングによって上記の Cursor のバージョンの範囲内で古いバージョンのものになっている場合があります。ご了承ください。

　本書の内容は、上記のバージョンを使用して執筆しましたが、Cursor は活発に開発が進められているソフトウェアであるため、常に最新のバージョンを使用することをおすすめします。バージョンが異なる場合、画面の表示や機能に差異が生じる可能性がありますが、基本的な操作や機能は同様です。手順通りに進められない場合は、まずは Cursor のチャット機能や AI デバッグ機能を活用して問題の解決を試みてください。それでも解決しない場合は、GitHub の Issue にて質問を投稿していただければと思います。

　本書の内容について、読者の皆さまからのフィードバックを歓迎します。間違いのご指摘やご意見・ご感想など、GitHub の Issue からお気軽にお寄せください。本書の内容についてのサポートはできる限り対応させていただきますが、個々の読者のプログラミング課題についてのサポートは制限がある点はご了承ください。

» メニュー操作の記載方法と用語の使い方

　メニュー操作の手順を示す際、「」（カギ括弧）を使用して記載しています。例えば、「ファイル」→「新規ファイル」と表記されている場合は、まず「ファイル」メニューをクリックし、次に表示されたドロップダウンメニューから「新規ファイル」を選択する操作を意味します。

　また、ショートカットキーを表記する場合は、「⌘+L（macOS）または `Ctrl+L`（Windows）」のように、macOS と Windows のショートカットキーを併記して表記します。

　以下では、本書で使用する AI に関連する用語を説明します。

- 「AI」：人工知能全般を指します。
- 「LLM」：Large Language Model（大規模言語モデル）の略で、大量のテキストデータを用いて訓練された言語処理のための AI モデルの技術全般を指します。
- 「生成 AI」：テキスト、画像、音声などのコンテンツを生成する AI 技術の総称です。LLM もこの一種と言えます。
- 「モデル」：GPT-4、Claude 3 Opus などのように、具体的な LLM のタイプやバージョンを指します。
- 「プロンプト」：AI アシスタントに対して、ユーザーが入力する指示を指します。
- 「AI アシスタント」：LLM を使用して、自然言語のプロンプトに回答する対話型のシステムやサービスを指します。

　読み進める際は、これらの用語の意味を念頭に置いていただければと思います。わからない場合にはこのページに戻って参照してください。

　それでは、Cursor をパートナーとして、AI プログラミングの世界に一歩を踏み出しましょう。

2024 年 6 月

木下雄一朗

目次

第 1 章　Cursor の導入　　　1

- 1.1　Cursor の概要　　　1
- 1.2　Cursor の料金体系　　　3
- 1.3　Cursor のインストール　　　4
- 1.4　Cursor の基本設定　　　6

第 2 章　Cursor の基本操作　　　11

- 2.1　基本操作ハンズオン　Python 編　　　15
  - Python 環境のセットアップ　　　15
  - 三目並べ CLI アプリケーション　　　18
  - 三目並べ GUI アプリケーション　　　25
- 2.2　基本操作ハンズオン　JavaScript 編　　　32
  - Node.js のインストール　　　32
  - React を使った Web アプリケーション　　　35
- 2.3　プログラム未経験者の方へ　　　45

第 3 章　Cursor の機能説明　　　46

- 3.1　Chat（AI チャット機能）　　　46
  - ヘッダー部　　　46
  - チャットモードの切り替え　　　48
  - モデルの切り替え　　　50
  - シンボル参照機能　　　52

「Image」ボタン　73
「chat」ボタン　74
「codebase」ボタン　75
「Apply」ボタン　75
「Reply」ボタン　78
「Copy」ボタン　80
/edit コマンド　81

3.2　Interpreter Mode　84
注意事項　88

3.3　Command K　90
起動手順　90
使い方　91
シンボル参照　92
quick question　93
Follow-up or edit instructions　94

3.4　ターミナル Command K　96
起動・操作手順　96

3.5　Auto Terminal Debug　100

3.6　Rules For AI（ユーザー単位の AI ルール）　101
設定方法　101
利用例　102

3.7　.cursorrules（プロジェクト単位の AI ルール）　103

3.8　Rules For AI と .cursorrules の相違点と使い分け　104

3.9　Copilot++　105
Copilot++ の設定画面　105
Copilot++ のモデル選択　106

第4章　Cursorのカスタマイズ設定　107

4.1　General　107
Account　108
チームで共有できる「Docs」機能　115
Rules for AI　116
Editor　116
Configure keyboard shortcuts　117
Privacy mode　119

4.2　Models　120

4.3　Features　123
Codebase indexing　124
Copilot++　125
Chat　125
Editor　125
Terminal　126

4.4　Beta　127
CURSOR HELP　127
INTERPRETER MODE (BETA)　127
LONG CONTEXT CHAT (BETA)　128
COPILOT++ IN PEEK　128
AI REVIEW (ALPHA)　128
COPILOT++　128

4.5　Help　129

第 5 章　プロンプト・プログラミング実践例　130

- 5.1　システム情報を表示するコマンド　130
- 5.2　画像の一括でのサイズ変更と別フォルダへの保存　134
  - 依存ライブラリのインストール　137
- 5.3　画像の一括形式変換、ファイル名変更、保存　138
  - 依存ライブラリのインストール　139
- 5.4　PDF ファイルの結合　140
  - 依存ライブラリのインストール　142
- 5.5　テキストファイルの結合　143
- 5.6　ログファイルからエラー行を抽出して保存　145
- 5.7　CSV ファイルのデータ検証　148
  - 依存ライブラリのインストール　151
- 5.8　大量ファイルの文字コード一括変換　152
  - 依存ライブラリのインストール　154
- 5.9　生成されたコマンドのシェルスクリプト化　155
- 5.10　正規表現で日付の書式を統一　158
  - 変換前 CSV データ　158
  - 変換の手順　159
  - 依存ライブラリのインストール　166
- 5.11　CLI 三目並べ Python プログラムを Golang に変換　166
  - Go のインストール　166
  - コード変換の手順　167
- 5.12　PyGame オセロゲーム　174
  - PyGame のインストール　174
  - プログラム作成　175
- 5.13　Web スクレイピング　180
  - 抽出する情報項目の確認　181
  - プログラム作成手順　182
  - 依存ライブラリのインストール　189

5.14　SQL データベースの操作と集計　　189
　環境の準備　　190
　SQLite のインストール確認　　192
　SQLite3 Editor 拡張機能のインストール　　193
　データベースとテーブルの作成　　193
　サンプルデータの作成・登録　　195
　データの集計　　200
5.15　iOS アプリ開発（Swift）　　206
　開発環境のセットアップ　　206
　Cursor での開発手順　　211
5.16　Android アプリ開発（Flutter）　　220
　開発環境のセットアップ　　221
　新規プロジェクトの作成　　224
　仕様書からアプリ作成　　228

第 6 章　Cursor 開発テクニック　　248

6.1　プロンプト・テクニック　　248
　プロンプト・エンジニアリング　　248
　リバース・プロンプティング　　250
　画像・エラー情報による指示　　251
　シンボル参照の参照範囲　　251
　プログラム知識　　252
6.2　コードの保護　　253
　「Accept」前の変更内容確認　　253
　変更範囲の限定　　253
　モジュール（ファイル）の分割　　253
　Git によるバージョン管理　　254
　Undo 機能とチャット履歴の活用　　254
6.3　Tips　　254
　アクティビティバーの向きを垂直に変更　　254

同じプロンプトの繰り返し送信	256
大規模プロジェクトのCodebase参照	258
変更部分のみのコード提示プロンプト	260
マークアップ言語、タグ言語のCommand K変換	262
6.4　最後に：AIでプログラマーは不要になるか？	**264**
追補　Composer	**265**

あとがき	**267**
索引	**268**

第1章 Cursorの導入

» 1.1　Cursorの概要

　生成AIの登場により、プログラミングの分野にもAIを組み込んだツールが次々と現れています。特に2022年後半にOpenAIがChatGPTをリリースしたことで、AIによるコード生成や対話形式でのプログラミング支援に注目が集まりました。

　この流れを受けて、まずはVSCodeに拡張機能でAI連携を実現する動きが出てきました。しかし、拡張機能での対応には限界が見えてきたことから、VSCodeをフォークしてAIネイティブなアプリケーションとして開発されたのがCursorです。公式ドキュメントでは「なぜ拡張機能ではないのか？」という質問に対して「単独のアプリケーションとすることで、より高度なAI連携が実現できる。一部の機能は拡張機能では不可能」と説明されています。

　Cursorは、生成AIを標準搭載したコードエディタで、OpenAI GPT-4やClaude 3（クロード3）といった大規模言語モデル（LLM）を組み込むことで、AIアシスタントをパートナーとしてペアプログラミングをするような感覚でコーディングができるのが特徴です。Cursorの登場は、プログラミングの分野でもAIを本格的に活用する動きが加速していることを象徴しています。

　Cursorを開発するAnysphere社は、OpenAIのスタートアップファンド主導のシード資金で800万ドル（約12億4千万円）を調達し、GitHub元CEOのNat Friedman氏やDropbox共同創設者のArash Ferdowsi氏、そのほかのエンジェル投資家も出資に参加しています。この資金調達によりAnysphere社の総資金は1,100万ドル（約17億円）に達しました。

第 1 章　Cursor の導入

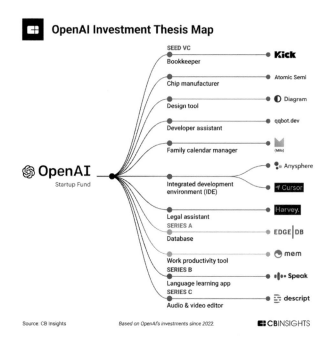

（出典：CB Insights; https://www.cbinsights.com/research/openai-investment-strategy/）

　Anysphere 社の共同創設者兼 CEO の Michael Truell 氏は、この資金は AI および機械学習の研究部門の拡大に充てられると述べています。また、「私たちの使命は、プログラミングを桁違いに速く、より楽しく創造的にすることだ」と語り、「Cursor を使えばすべての開発者がソフトウェアをより迅速に構築できるようになる」と意気込みを示しています。

　Cursor の人気は着実に高まっており、すでに数万人のユーザーがプラットフォームを利用し、有料顧客ベースも急速に成長しています。わずか 1 年足らずで年間経常収益は 100 万ドル（約 1 億 5 千万円）を超えており、スタートアップ企業としては順調なスタートを切ったと言えるでしょう。

　今後のロードマップとしては、以下の機能の実装や改善が計画されています。

1. ファイルやフォルダ単位での、より複雑な編集機能
2. コード検索の高度化

3. ドキュメントを利用した新しいライブラリの学習機能

当面は、個人やチーム向けの開発体験の向上に注力する方針ですが、Cursorが開発者の生産性を大幅に向上させるツールであるため、長期的には企業ユーザーにとっても必須のツールになることが期待されています。

1.2 Cursor の料金体系

Cursor を初めて使用する場合は、無料で提供されている Hobby プランから始めることをおすすめします。このプランでは、AI への問い合わせ回数や速度に一定の制限がありますが、Cursor の基本的な機能を試すには十分です。

Hobby プランを使用する中で、問い合わせ回数の上限に達したり、より高速なレスポンスが必要になったりした場合は、Pro プランへのアップグレードを検討しましょう。Pro プランでは、問い合わせ回数や速度の制限が緩和され、より本格的に Cursor を活用できます。

企業で Cursor を利用する場合は、Business プランが適しています。このプランには、企業に必要な管理機能やデータ保護に関するオプションが追加されており、セキュリティとコンプライアンスの要件を満たすことができます。

以上の点を考慮して、自分のニーズに合ったプランを選択することで、Cursor を効果的に活用できるでしょう。

Cursor の料金プランは以下の表のようにまとめられます。

Hobby	Pro	Business
無料	20 米ドル / 月	40 米ドル / ユーザ / 月
・2 週間の Pro 試用期間 ・低速 GPT-4（50 回） ・cursor-small（月 200 回） ・Copilot++ 補完（2000 回） ・プライベートデータコントロール	無料プランのすべての機能に加え、 ・高速 GPT-4（月 500 回） ・低速 GPT-4（無制限） ・cursor-small（無制限） ・Copilot++ 補完（無制限） ・Claude 3 Opus（1 日 10 回）	Pro プランのすべての機能に加え、 ・管理者用使用状況ダッシュボード ・一元化された請求 ・強化されたプライバシーモード ・OpenAI zero-data retention

- cursor-small は、GPT-4 モデルほど高性能ではありませんが、より高速な独自モデルです。
- 年間契約にすると、Pro プランは月額 16 米ドル、Business プランは 32 米ドルとなります。
- OpenAI や Anthropic の API Key も使用できます。その場合は、Cursor の有料プランに加入せずに、API Key 側の課金システムを利用することになります。ただし、有料プランで使用できるモデルでしか利用できない機能があることに注意してください。

Cursor の料金プランページ
`https://www.cursor.com/pricing`

» 1.3 Cursor のインストール

Windows でのインストール手順

1. Cursor の公式ウェブサイト（`https://www.cursor.com/`）にアクセスします。
2. 「Download」ボタンをクリックし、インストーラーをダウンロードします。
3. ダウンロードしたインストーラー（CursorSetup（バージョン番号）-（ビット数）.exe）を実行します。

4. 初回起動時のセットアップ手順に移行します。

macOS でのインストール手順

1. Cursor の公式ウェブサイト（https://www.cursor.com/）にアクセスします。
2. 「Download」ボタンをクリックし、「Cursor Mac Installer.zip」ファイルをダウンロードします。
3. 「Cursor Mac Installer.zip」ファイルをダブルクリックして解凍します。
4. 解凍された「Install Cursor.app」インストーラーを実行します。

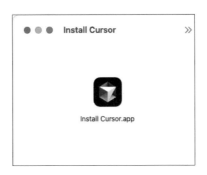

5. 「Applications」フォルダから Cursor を起動します。
6. 「開く」をクリックしてインターネットからダウンロードしたアプリケーションの実行を許可します。

7. 初回起動時のセットアップ手順に移行します。

» 1.4　Cursor の基本設定

初回起動時の設定

1. 「Language」を「日本語」と入力して「Continue」をクリック。

2. 「VSCode Extensions」画面が表示されたら「Use Extensions」ボタンをクリックすることで、VSCode に導入済みの拡張機能を移行できます（この画面は VSCode がインストールされていないと表示されません。拡張機能を移行したくない場合は「Start from Scratch」ボタンをクリック）。

3. 「Data Preferences」画面では「Privacy Mode」を選択して「Continue」ボタンをクリックします。
   - 「Help Improve Cursor」のモードでは製品改善のためにプロンプトや

操作のデータが収集されます。特に企業内で評価のためにHobbyから利用する場合は機密保持のためにも「Privacy Mode」を選択するようにしましょう。
- Businessプランでの利用ユーザーは強制的にデータ保護された状態での利用となります。

4. 「You're all set!」画面が表示されます。Cursorを利用するためのアカウント作成の手順ですが、GoogleやGitHubのアカウントとの連携もできます。そちらを使いたい場合は「Log In」をクリックします。新規にアカウントを作成したい場合は「Sign Up」をクリックします。

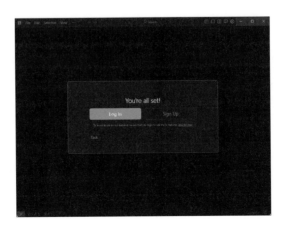

5. ここでは「Log In」の遷移を追います。ブラウザが起動するので、「Continue with Google」または「Continue with GitHub」をクリックしてアカウント認証を行います。

6. 認証に成功すると、「You may now proceed back to Cursor」画面が表示されます。これで Cursor の初回起動時の設定は完了です。

初回起動時の設定後、次のダイアログが表示された場合は、デフォルトの「Install 'code'」ボタンを実行しておきます。これはコマンドラインからCursor を起動できるようにする設定です。

日本語化

デフォルトではメニュー名が英語表示のため、日本語表示に変更します。

1. 左側のサイドバーにある拡張機能アイコン（四角に 4 つの小さな正方形が描かれているアイコン）をクリックします。
2. 検索バーに "japanese" と入力します。
3. 検索結果から「Japanese Language Pack for Visual Studio Code」を選択します。

4. 「Install」ボタンをクリックします。
5. インストールが完了したら、表示言語を日本語に変更して再起動するか確認するダイアログが表示されるので、「Change Language and Restart」ボタンをクリックして、Cursor を再起動します。

6. 再起動後、メニューバーが日本語表示になっていることを確認しましょう。

　「Japanese Language Pack for Visual Studio Code」インストール後に英語表示に戻したい場合は、拡張機能を無効化するか、[表示] - [コマンドパレット...] で「Configure Display Language」と入力して、「English(en)」を選択します。
　この後の章では、サンプルコードの実行や説明を行う上で必要最低限の拡張機能を紹介しますが、使用するプログラミング言語・フレームワークなどにより、ご自身のニーズに応じた、お好みの VScode 拡張機能をインストール、設定し、使いやすい環境を整えましょう。

第2章
Cursorの基本操作

　Cursorをインストールした直後の初期状態では、ウィンドウには「.cursor-tutor」フォルダが表示されています。もし閉じてしまった場合は、［最近使用した項目を開く］か［ファイル］-［フォルダーを開く...］から以下のフォルダを開いて、「getting_started.md」ファイルを開いてください。［ユーザ名］の部分にはご利用環境のユーザ名が入ります。

Windows
C:¥Users¥[ユーザ名]¥.cursor-tutor¥getting_started.md

macOS
/Users/[ユーザ名]/.cursor-tutor/getting_started.md

　cursor-tutorは公式のチュートリアル教材です。まずはこの教材でCursorの使い方を学びましょう。

【注意】Cursorは開発中であり、本書執筆終了以降も機能の名称や設定の場所、画面などが変更される場合があります。本書の説明通りにいかなかったり、機能が見つからない場合は以下の本書サポートページを参照してください。

https://github.com/kinopeee/cursor-perfect-guide

第 2 章　Cursor の基本操作

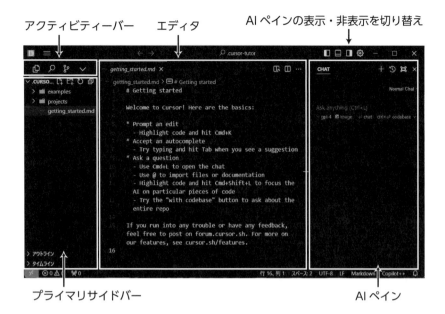

　左側のフォルダ階層が表示されているエリアを「プライマリサイドバー」、中央の「getting_started.md」ファイルが表示されているタブを含むエリアを「エディタ」と呼びます。

　タイトルバーの右端にある歯車アイコンの左側に、右半分が区切られた四角いアイコンがあります。このアイコンは、「AI ペイン」の表示・非表示を切り替えるトグルボタンです。アイコンをクリックすると、エディタの右側に AI ペインが表示されたり、非表示になったりします。

　ウィンドウ右側の「CHAT」と表示されているエリアが「AI ペイン」です。「AI ペイン」は、AI アシスタントとの対話を行うためのエリアです。

　VSCode のユーザーにとっては、AI ペインとアクティビティーバーの並び方以外は見慣れた画面構成になっています。AI アシスタントに関連する機能以外の操作性もほぼ同じです。

　それでは、早速、AI アシスタントとの対話機能を使ってみましょう。

　AI ペインの「CHAT」ラベルの下にある、「Ask anything」とプレースホルダーが表示されているエリアが AI アシスタントへの指示を入力するプロンプト入力欄です。ここに以下のように入力し、Enter キーを押すか「chat」をクリッ

クしてください。

書かれている文章を日本語に翻訳してください。

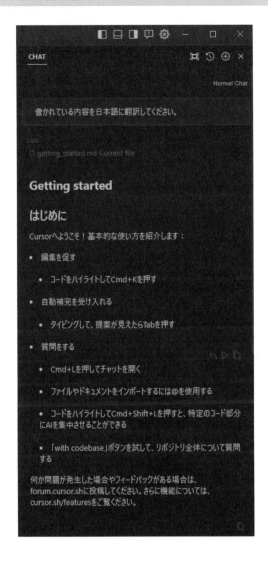

　現在、エディタで「getting_started.md」ファイルが開かれて最前面になっているため、そこに書かれている文章ということを自動的に認識して翻訳してくれます。

Cursor の機能を紹介する導入文であることはわかりますが、少し説明が不足しているようにも感じられます。

今度は、以下のようなプロンプトを入力して送信してみます。

各機能を詳しく説明して

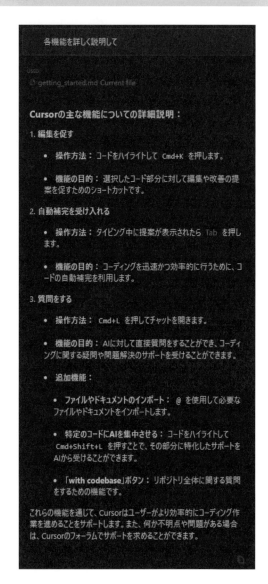

記載の各機能の操作方法、機能の目的まで説明が追加されました。

ChatGPTなどのWeb UI型生成AIを使ったことがある方は慣れた手順かと思いますが、こうして質問文、指示文を送信してはAIアシスタントからの回答を得るというのが基本的な操作手順です。

cursor-tutorには、PythonとJavaScript（React）のサンプルが付属しています。プログラミングに関連したCursorの使い方については、これらのサンプルを使って紹介していきます。

【注意】公式チュートリアル教材が同梱されなくなりました。本書に記載の教材が見当たらない場合は、ハンズオンを実施できるデータを用意してありますので、GitHubリポジトリからダウンロードしてください。ダウンロードしてセットアップ後、この先の手順を進めてください。

» 2.1　基本操作ハンズオン　Python編

▼ Python環境のセットアップ

本書では、Python未経験者でも最小限の手順でPython環境を構築できるよう、簡単な手順を紹介します（本格的な開発を行う場合は、Python仮想環境やDockerコンテナ環境を用意しで、複数バージョンのPythonやライブラリなどを使い分けられる環境が必要になるでしょう）。

すでにPythonをインストール済みの方は次のセクションへ進んでください。

以下の手順でPythonをインストールします。

Windows

1. Pythonの公式ウェブサイト（`https://www.python.org/downloads/`）にアクセスします。
2. Download the latest version for Windows下の「Download Python（バージョン番号）」ボタンをクリックします。

3. ダウンロードしたインストーラーを実行します。

4. 「Add Python to PATH」チェックボックスを選択し、Python をシステムの PATH 環境変数に追加します。
5. 「Use Admin privileges when installing py.exe」チェックボックスをオンにして管理者権限でインストールする設定にします。

6. 「Install Now」をクリックしてインストールを開始します。
7. インストールが完了したら、「Close」をクリックしてインストーラーを閉じます。

8. コマンドプロンプトまたは PowerShell を開きます。
9. 以下のコマンドを入力して、Python のバージョンを確認します。

```
> python --version
```

10. Python のバージョンが表示されれば、インストールは成功しています。

macOS

1. 「ターミナル」アプリケーションを開きます。
2. 以下のコマンドを入力して、Homebrew（macOS 用のパッケージマネージャ）がインストールされているかを確認します。

```
% brew --version
```

3. Homebrew がインストールされていない場合は、以下のコマンドを入力してインストールします。Homebrew のホームページ（https://brew.sh/ja/）でコマンドをコピーするとよいでしょう。

```
% /bin/bash -c "$(curl -fsSL https://raw.githubusercontent.com/Homebrew/install/HEAD/install.sh)"
```

4. Homebrew を使って、以下のコマンドで Python をインストールします。

```
% brew install python
```

5. インストールが完了したら、以下のコマンドを入力して、Python のバージョンを確認します。

```
% python3 --version
```

6. Python のバージョンが表示されれば、インストールは成功しています。

Python 拡張機能

Python コードを扱う際には、エラー検出やデバッグなどの機能を提供する「Python」拡張機能が必須です。スムーズな Python 開発のために、この拡張機能をインストールしておくことを強くおすすめします。Cursor は VSCode の拡張機能との互換性があるため、この拡張機能を含む VSCode の拡張機能を活用することができます。

1. 左側のサイドバーにある拡張機能アイコン▥（四角に 4 つの小さな正方形が描かれているアイコン）をクリックします。
2. 検索バーに「python」と入力します。
3. 検索結果から「Python」を選択します。

拡張機能アイコン　検索結果が表示される

4. 「インストール」ボタンをクリックします。

これで Cursor で Python プログラミングを行う準備ができました。

▼ 三目並べ CLI アプリケーション

左側のフォルダ階層が見えるエリア「プライマリサイドバー」から▢をクリックしてエクスプローラーに戻り、以下の階層にある「main.py」ファイルを開きます。

Windows

`.cursor-tutor¥projects¥python¥main.py`

macOS

`.cursor-tutor/projects/python/main.py`

ここでは、Step 1 から Step 4 までの手順が書かれているので、その通りに操作を行ってみましょう。

Step 1

日本語に翻訳すると、「`Cmd（⌘）+K` または `Ctrl+K` を新しい行で使用して、CLI ベースの三目並べゲームを生成してみてください」と書かれています。

「main.py」ファイルの最下行に行を追加して、Windows の方は `Ctrl+K`、macOS の方は ⌘ `+K` のショートカットキーを実行してください。AI アシスタントとの対話ができるダイアログが表示されるので、以下のプロンプトを入力して、「Generate」ボタンをクリック、または `Enter` キーで送信します。

> CLIベースの三目並べゲームを作ってください。

AI アシスタントがプログラムを生成していく様子がリアルタイムで見えるはずです。

完了したら、「Accept」ボタン、または、Windows の方は `Ctrl+Enter`、macOS の方は ⌘ `+Enter` で生成されたコードを受け入れます。生成されたコードを受け入れたくない場合は、Windows の方は `Ctrl+Delete`、macOS の方は ⌘ `+Delete` で拒否できます。

これで CLI ベースの三目並べゲームのコードが完成しているはずです。

Step 2

日本語に翻訳すると「⌘+L または Ctrl+L を押してチャットを開き、コードの機能について尋ねる。その後、コードを実行してみる」と書かれています。実際にその操作を行ってみましょう。以下のプロンプトを送信します。

> このコードは何をしていますか？

詳しいコメントが付いていないコードでも、このような操作でプログラムされている機能、処理方法などの説明を受けることができます。

2.1　基本操作ハンズオン　Python 編

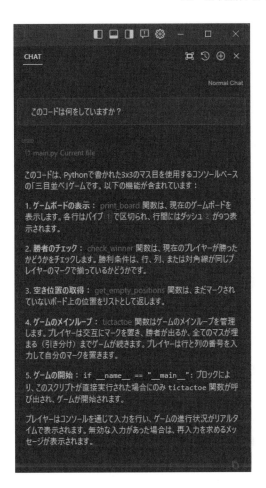

では、コードを実行してみましょう。

1. CLI ベースのゲームなので、コマンドラインから呼び出す操作を行います。タイトルバーの「AI ペイン」トグルボタンの左側にある下半分が区切られた四角いアイコンがあります。これが「パネルの切り替え」ボタンです。クリックすると、ウィンドウ下部にターミナルが表示されます。

2. カーソルが開いているフォルダが「.cursor-tutor」なので、「main.py」のあるフォルダに移動します。

ターミナル画面に cd （cd の後に半角スペース）とタイプしてから、画面左側のプライマリサイドバーの「python」フォルダをターミナル画面にドラッグ＆ドロップします。これでフォルダ移動のコマンドができるので、Enter キーで実行します。

3. main.py ファイルを保存して、実行します。

　　`python main.py` とタイプ（`python` と半角スペースに続いて `m` をタイプしてから tab キーをタイプするとファイル名が自動補完されます）して、Enter キーで実行します。
4. ゲームをしてみましょう。

　　実際にゲームをしてみてください。一人で三目並べをしても楽しくはないと思いますが、簡単なプロンプトから生成されたゲームが実際に動くことを楽しんでください。

　　コマ番号は `0` から開始で、一番左上の 0 行 0 列のコマは「`0 0`」、一番右下のコマは「`2 2`」、中央のコマは「`1 1`」です。

ルールとしては、次のコマを打つ位置の行と列の数字を入力する点では共通のはずですが、環境やタイミングによって、行と列をつなぐ文字がスペースであったり、コンマであったりといった違いが生じます。

これは今回のゲーム作成プロンプトではそうした細かい点まで指示していないためです。指示しておけば、その通りになります。生成 AI を使ったプログラミングで細かい動作まで意図通りにするためには、プログラマーの意図が伝わりやすい形のプロンプトにすることが重要ということがわかる例です。

Step 3

日本語に翻訳すると「マウスですべてのコードをハイライトし、⌘+K または `Ctrl+K` を押して、何かしらの変更を加えるように指示する（例：色を追加、スタート画面を追加、3 × 3 から 4 × 4 に変更するなど）」と書かれています。

コマ数を増やすと動作検証が大変なのと、色を付けるとライブラリのインス

トールが必要になったりといった手間がかかる可能性があるので、今回は以下のようなプロンプトにしてみました。

> このゲームの遊び方を説明するスタート画面を追加してください。

「Accept」ボタンで生成されたコードを受け入れて、保存後、ターミナル画面で同じコマンドを実行します（↑キーを使って履歴から呼び出すと簡単です）。

ゲームの遊び方を説明するスタート画面が表示されるようになりました。

Step 4

日本語に翻訳すると「［ファイル］メニューの［フォルダーを開く ...］から自分のプロジェクトを開いて Cursor を試してみてください」と書かれています。

すでにご自身でプログラミングをされている方は上記の操作でフォルダを開いて、ここまでに試した操作を試してみてください。もちろん、ファイルの更新はバックアップを取った上で行いましょう。

さて、ここで皆さんに質問です。

三目並べゲームを作って、処理内容を説明させて、実行。機能を追加して、

実行。その中で 1 回でもコーディングを行ったでしょうか？

　プログラミング言語によるコーディングを行わずに、日常会話と同じ自然言語を使って生成 AI にプログラムを作成させられるのが、Cursor での開発の醍醐味です。ChatGPT などの Web UI 型生成 AI でプログラムを生成させることは可能ですが、エディタとブラウザの間でコピー＆ペーストを行うのは非常に手間がかかります。一方では、Cursor では、ローカルの環境で即座にプログラムできる点が大きな利点です。

▼ 三目並べ GUI アプリケーション

　三目並べ CLI アプリケーションを発展させて、GUI（グラフィカルユーザーインターフェース）アプリケーションにしてみましょう。

　Python には、Tkinter という GUI ライブラリが含まれているので、それを利用してみましょう。

　Python を Homebrew などのパッケージマネージャーでインストールした macOS 環境では付属していないので、別途インストールが必要です。ターミナル画面で以下のコマンドを実行して、インストールしてください。Python Software Foundation にあるインストーラーを使ってインストールしてある場合は、この手順は不要です。

```
brew install tcl-tk
```

　⌘+L（macOS）または Ctrl+L（Windows）で AI ペインを開き、次のプロンプトを入れて送信します。

```
このプログラムを Tkinter を使った GUI アプリケーションにしてください。
```

第 2 章　Cursor の基本操作

　AI ペインで新しいコードが生成されます。新しい「main.py」コードの上にある「Apply」ボタンをクリックすると、「Apply to entire file」とそれ以外の選択肢が表示されます。ここでは「Apply to entire file」を選択して「main.py」ファイルの中身を丸ごと置き換えます。

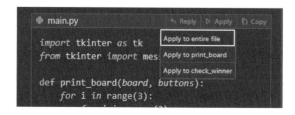

　プログラムが書き換えられていきますが、背景が赤い部分は変更前のコード、背景が緑の部分は変更後のコードです。変更箇所ごとにコードの変更を受け入れるか、拒否するかを選択できます。ここではまとめて受け入れたいので、AI ペインの変更後コード上にある「Accept」をクリックして、エディタ上のコードを変更します。

2.1 基本操作ハンズオン　Python編

　「main.py」ファイルを保存して、ターミナル画面で CLI アプリケーションのときと同じ実行コマンドを実行します。

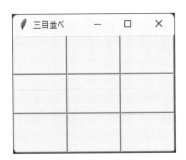

　単独の GUI アプリケーションとして三目並べゲームが起動しました。遊んでみましょう。

　ところが、×と○が交互に打つというルールに沿った動作にならず、×だけが連続して打てるため、×が3手で勝ってしまいました。これではゲームになりませんので修正しましょう。

　以下のプロンプトを入力して、送信します。

> ×の後に○が打ったことにならず、×が3手で勝ってしまいました。ゲームのルールに沿って修正してください。

2.1 基本操作ハンズオン　Python 編

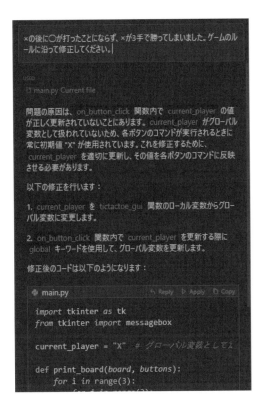

「Apply」ボタンをクリックし、「Apply to entire file」を選択、「Accept」後にファイルを保存して、実行します。

　今度は三目並べゲームがルール通りに動作しました。GUI のアプリケーションを作るのもこんなに簡単だったのです。ここまでの手順で 1 行もプログラムコードを書いてはいません。

　Tkinter を使った Python 三目並べゲームのコードに対して、説明をさせたり、プログラムコード内にコメントを付けるように指示をしてみてください。疑問が湧いたら、その部分を質問するのも良いですし、興味が湧いた方はさらに多くの機能を追加して遊んでみるのも良いでしょう。

　本書の原稿を書きながら、表記したプロンプトを使ってプログラムを生成しましたが、生成 AI に作らせるプログラムは常に同じになるわけではありません。プロンプトを実行する皆さんの環境やタイミング、選択モデルなどによって、結果は変わってきます。場合によっては、もっと手前のステップで意図した結果にならないケースもあるかもしれませんが、どういう問題があるのかを AI に伝えて修正を依頼することで問題は解決できるでしょう。

　たとえば、手元の macOS 環境で作成した三目並べ CLI アプリケーションは、コマ数と横棒が揃っていないため、遊びにくい状態でした。

2.1 基本操作ハンズオン　Python 編

これは以下のプロンプトで簡単に修正できました。

横線がコマと揃ってない。修正して。

　さまざまな状況が発生する可能性がありますが、そのほとんどは同じ手順で解決できます。本書では、この手順以外にも Cursor を使いこなすためのさまざまな方法を紹介します。詳しくは後半の章で丁寧に解説していきますので、ぜひご覧ください。

» 2.2　基本操作ハンズオン　JavaScript 編

cursor-tutor には JavaScript のサンプルも付属しており、JavaScript ライブラリ React を使った Web アプリケーションの例になっています。

プライマリサイドバーから以下の階層にある「index.js」ファイルを開きます。

Windows
```
.cursor-tutor\projects\javascript\src\index.js
```
macOS
```
.cursor-tutor/projects/javascript/src/index.js
```

Step 1 から Step 4 までの手順が書かれているので、その通りに操作を行ってみましょう。

▼ Node.js のインストール

React を動くようにするためには JavaScript の実行環境である Node.js が必要ですので、インストールしましょう。

すでに Node.js をインストール済みの方はスキップしてください。

Windows

1. Node.js の公式ウェブサイト（`https://nodejs.org/en`）にアクセスします。
2. ページヘッダー内の「Download」をクリックします。
3. 「Download Node.js v20.x.x（バージョン番号）」ボタンをクリックします。
4. ダウンロードしたインストーラーを実行します。

2.2 基本操作ハンズオン　JavaScript 編

node-v20.1
2.2-x64

5. ウィザード画面を「Next」ボタンで進んで、この画面が表示されたら、「Automatically install the necessary tools. ...」のチェックはオフにしたままで「Next」をクリックします。

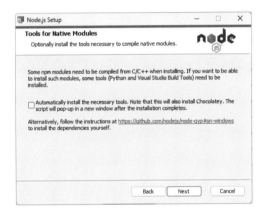

6. 「Install」をクリックします。

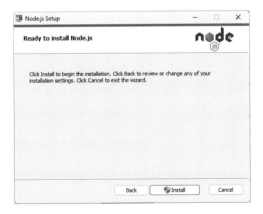

7. ターミナル内でインストールしたコマンドを認識させるために、Cursorを終了して再起動します。
8. Cursor のターミナル内に以下のコマンドを打って、それぞれのバージョンが表示されれば、インストールは成功しています。

```
> node -v
> npm -v
```

```
PS C:\Users\yoo16\.cursor-tutor> node -v
v20.12.2
PS C:\Users\yoo16\.cursor-tutor> npm -v
10.5.0
PS C:\Users\yoo16\.cursor-tutor>
```

macOS

1. 「ターミナル」アプリケーションを開きます。
2. 以下のコマンドを入力して、実行します。本書では最低限のステップでCursor での検証できる方法を案内します。複数バージョンの Node.js を使い分けたい場合は Nodebrew コマンドを検討してください。

```
% brew install node
```

3. ターミナル内でインストールしたコマンドを認識させるために、Cursorを終了して再起動します。
4. Cursor のターミナル内に以下のコマンドを打って、それぞれのバージョンが表示されれば、インストールは成功しています。

```
% node -v
% npm -v
```

```
問題  出力  デバッグ コンソール  ターミナル  ポート
● yoo@M3-MBA .cursor-tutor % node -v
  v18.18.2
● yoo@M3-MBA .cursor-tutor % npm -v
  9.8.1
● yoo@M3-MBA .cursor-tutor % □
```

▼ React を使った Web アプリケーション

ステップ 1

　日本語に翻訳すると「⌘+K または Ctrl+K を新しい行で押すと遊べる三目並べの React コンポーネントを生成してみてください。そして、それを以下のコードに統合して、npm start で実行してみてください。」と書かれています。

　「index.js」ファイルの最下行に行を追加して、macOS の方は ⌘+K、Windows の方は Ctrl+K のショートカットキーを実行しましょう。以下のプロンプトを入力して、Enter キーまたは「Generate」ボタンをクリックで送信します。

三目並べの React コンポーネントを生成してください。

　生成されたコードを「Accept」したところ、プライマリサイドバーとターミナルの「問題」でエラーが表示されています。

　JavaScript を知っている人であればエラーの内容から原因の見当はつきますが、AI アシスタントもこうした間違いを犯すことがあります。生成されるプログラムは都度異なりますので、皆さんの環境では違うパターンのエラーが生じるかもしれませんし、最初から完全なコードが生成されるかもしれません。

第 2 章　Cursor の基本操作

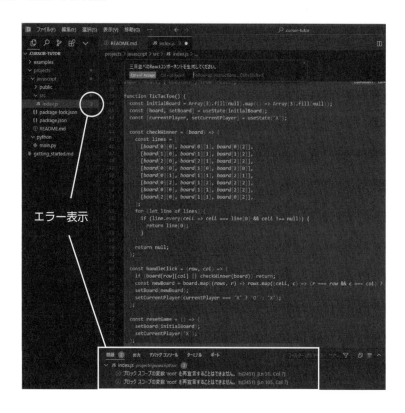

エラーを修正しましょう。「問題」内のエラーが表示されている部分で右クリックすると、「Fix with AI」コンテキストメニューが表示されるので実行します。

AI アシスタントによってエラーが修正され、ターミナルの「問題」は「ワークスペースで問題は検出されていません。」表示となります。エラー情報からAI アシスタントが自動修正してくれるのも Cursor の非常に便利な機能です。

「Accept」して、ファイルを保存します。

2.2　基本操作ハンズオン　JavaScript編

エラーがなくなったので、このコードを実行してみましょう。

起動の手順は projects/javascript/ にある「README.md」ファイルに記載されていますが、その前段階も必要なので以下の手順で実行してください。

1. JavaScript プロジェクトのフォルダに移動するため、次のコマンドを実行します。

   Windows

```
> cd projects\javascript\
```

   macOS

```
% cd projects/javascript/
```

その後、pwd コマンドを実行して、「.cursor-tutor」の下の「projects」の下の「javascript」に移動していることが確認できれば OK です。

37

2. 必要なパッケージ類のインストールを行います。そのフォルダ内の「package.json」ファイルに記載されている依存パッケージをインストールする処理が行われます。

```
npm i
```

3. Node.js プロジェクトを起動します。React アプリケーションの起動とともに、ブラウザが起動して、React アプリケーションが表示されます。

```
npm start
```

4. 「Hello World」の下に三目並べゲームが表示されていれば成功です。

Step 1-2（デバッグ - プログラムの修正）

筆者が原稿を書きながら、この手順を進めていたときは AI アシスタントのご機嫌が良くなかったのか、生成の段階でもエラーが生じましたが、実行の段階でもエラーが生じました。

2.2 基本操作ハンズオン　JavaScript編

　従来であれば、こうした場合は、エラーの内容から関係のありそうなソースコードを調べて手直しして、動作検証。直らなければさらに調べて、……という作業を繰り返し行っていましたが、エラーはAIアシスタントに解決してもらいましょう。

　ブラウザ画面のエラーをコピーして、Cursorのプロンプト入力欄に以下のプロンプトを入力し、エラー内容をペーストして「chat」をクリックしました。

> ブラウザでこのようなエラーになりました。修正方法を教えてください。

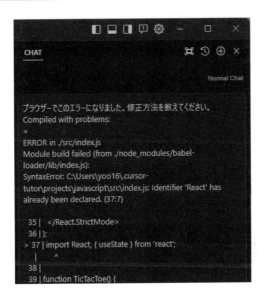

　問題の内容と修正コードを提示してくるので「Accept」しました。
　次は、三目並べゲームが表示されたものの、○が表示されず、×だけが表示されてゲームにならないので修正しました。

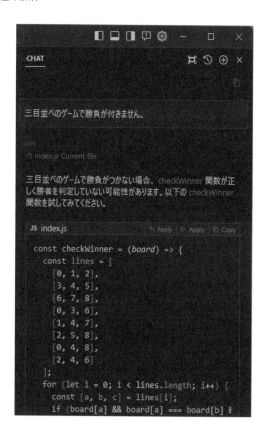

何度目かのデバッグの結果、ようやく完成しました。

このように、エラーがあっても、問題の原因調査も、修正も、AI アシスタントに頼めることはプログラマーにとっては非常にありがたいことで、精神的な負荷も軽くなります。

Step 2

日本語に翻訳すると「マウスを使ってすべてのコードをハイライトし、⌘+K または `Ctrl+K` を押してください。ゲームを何らかの方法で変更するよう指示してください（たとえば、インラインスタイルを追加する、スタート画面を追加する、3 × 3 の代わりに 4 × 4 にするなど）」と書かれています。

今回は以下のようなプロンプトを送信してみます。

スタート画面を追加して、3x3 の代わりに 4x4 の四つ並べゲームにしてください。

今回もコマの縦横が崩れていたり、勝者が表示されないなどの問題があったので、2 回修正を依頼して、完成したのが次の図の四つ並べゲームです。

第 2 章　Cursor の基本操作

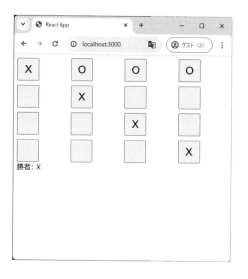

Step 3

日本語に翻訳すると「⌘ +L または Ctrl+L を押して、チャットにコードの機能を尋ねてください」と書かれています。Python コードと同じではおもしろくないので、もっと詳しく説明させてみます。

> このコードは何をしてますか？ JavaScript や React を知らないプログラム未経験者でもわかるように、超簡単に説明してください。

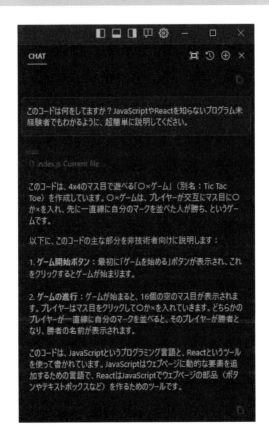

技術的な記述を避けて、簡単に（端的に）説明してくれました。

次は以下のプロンプトを送信します。

> このコードは何をしてますか？ React を知らないプログラム初級者でもわかるように、超簡単に説明してください。

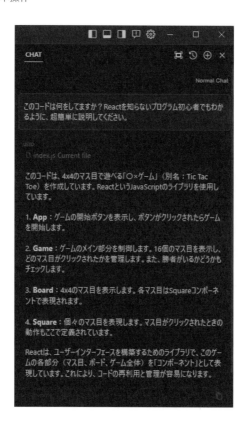

　プログラム初級者であれば、ある程度 JavaScript を知っているだろうという前提で説明をしてくれています。

　プロンプトで質問を行う場合、質問の前提、どういった回答を得たいのかをよく考える必要があることがわかる例です。

Step 4

　日本語に翻訳すると「自分のプロジェクトで Cursor を試してみたい場合は、左上のファイルメニューからフォルダを開いてください」と書かれています。

　これで、Cursor の公式チューター教材の内容を一通り学び、さらに応用的な内容まで理解を深めることができました。

　プログラム経験者であれば、ご自身のプロジェクトでの活用が十分に可能になっているはずです。（バックアップを取った上で）Cursor を使って、変更、

機能の追加、コードの内容説明などを行ってみてください。

2.3　プログラム未経験者の方へ

　プログラム未経験者の方は、手元のローカル環境に開発用のフォルダを作成して、Cursor でそのフォルダを開きましょう。

　「ファイル」→「フォルダーを開く ...」から開いたフォルダが Cursor の処理の基点となります。

　ターミナルもこの場所にいる状態で開かれるため、この中でコマンドを実行するのであればフォルダ移動を行う必要はありません。

　まず何から手を付けてよいかわからない方は、本書の手順で環境が整っている Python でプログラムを作るのが簡単でしょう。

　次の図は「practice」というフォルダを作成して、Cursor で開き、「practice1.py」というファイルを作ったスクリーンショットです。なお、Python のコードは拡張子「.py」ファイルで保存します。

　左側のサイドバーにある書類に＋マークのアイコンをクリックすると、新しいファイルを作成することができます。

　ここで、⌘+K または Ctrl+K、または AI ペインのプロンプト入力欄に実現したいソフトウェアの機能を入力して、AI アシスタントに指示を出してみましょう。AI アシスタントが生成した回答コードをエディタに反映させ、保存してから実行してみてください。

　一歩踏み出せば、AI アシスタントの力を借りながら、未経験者から初級者、そして中級者へと着実にステップアップすることができるでしょう。

第3章
Cursorの機能説明

　ここまでは、AIを活用したプログラム開発の体験に重点を置いていたため、Cursorの機能説明は省略してきました。しかし、各機能を理解し、効果的に使いこなすことで、作業効率を大幅に向上させることができます。また、機能の使い方次第で、AIアシスタントの回答精度にも大きな影響を与えます。そこで、この章ではCursorの各機能について掘り下げた説明をしていきます。

» 3.1　Chat（AIチャット機能）

　Cursorには、強力なAIチャット機能が搭載されています。このChat機能を使うことで、コードベースを理解したAIアシスタントと対話しながらコーディングを進めることができます。

　ここでは重要な機能を画面の上の方から説明していきます。

▼ ヘッダー部

Open Chat in Editor Tabボタン

　四角形の角が二重線のアイコンである「Open Chat in Editor Tab」ボタンをクリックすると、AIペインは「AI Chat」エディタとして表示されます。タブを移動させて、編集中のファイルの左側に表示させることも可能です。小さいディスプレイ環境でエディタとAIペインの両方の表示スペースが十分に取れない場合に便利です。「AI Chat」エディタ内の「Attach to Side Panel」ボ

タンをクリックすると、元の AI ペインに戻ります。

Previous Chats ボタン

　時計と矢印のアイコンである Previous Chats ボタンは、チャットの履歴リスト画面を呼び出します。

　チャット行をクリックすると、そのチャットの履歴を呼び出せます。また、各チャット行の鉛筆アイコンでチャット名を編集、ゴミ箱アイコンで削除できます。

さらに、上部の「Search chats...」欄にテキストを入力すると、一致するチャット名のリストに絞り込むことができます。

Cursorのチャットはウィンドウごとに履歴が保存されるため、各会話のコンテキストが維持されます。これにより、特定のトピックについて対話したり、前の会話を参照したりすることが容易になります。

また、各ウィンドウでのチャットの履歴は、自動的に保存されます。つまり、ウィンドウを閉じたり、Cursorを終了したりしても、次回そのウィンドウを開いたときに、以前の会話の内容が失われることはありません。

New Chat ボタン

＋アイコンのボタンで、新しい（空の）チャット画面が表示されます。

Close AI Sidebar ボタン

×アイコンのボタンで、AIペインが閉じられます。

再びAIペインを開きたい場合は、タイトルバーの「Toggle AI Pane」ボタンをクリックするか、⌘+L または Ctrl+L を押します

▼ チャットモードの切り替え

Normal Chat（初期値）

- 通常のチャットモードで、プログラムコードの生成や質問に対する回答を得るのに適しています。
- チャット履歴は自動的に削除されませんが、モデルとのやり取りにおいてはトークン数の制限があります。
- モデルが処理できるトークン数を超えると、古い部分から順に切り取られ、最新のトークンが優先して使用されます。
- モデルとのやり取りの長さは、選択したモデルのトークン数の上限に依存します。

Long Context Chat

- Normal Chat より長いコンテキストを保持できるチャットモードです。
- 大規模なコードベースについて質問したり、長いやり取りを続けたりするのに適しています。
- モデルとやり取りできるトークン数が増えるため、より長い文脈を考慮した対話ができるようになります。

Interpreter Mode

- 対話的に Python のコードを実行でき、基本的なファイル操作やディレクトリの操作などのシェルコマンドも実行できるモードです。
- プロンプトに応じてコードを生成するだけでなく、生成したコードを実行して結果を返すこともできます。
- Interpreter Mode は非常に強力な機能なので、チャット画面の説明とは別に、独立した説明の項を設けます。

また、ここで選択したチャットモードによって、選択できるモデルの項目が変わることにも注意が必要です。

▼ モデルの切り替え

　チャットのプロンプト入力欄の左下にあるプルダウンメニューをクリックすると、利用可能なモデルの一覧が表示されます。利用可能なモデルのリストは、その時点で利用できるモデル、各ユーザーの設定状況、登録されている API Key によって異なります。

　モデルによって、以下の点で違いがあります。

- 使える機能（Apply ボタン、ビジョン対応、/edit コマンド、Interpreter Mode など）
- 回答の精度
- コスト

　そのため、入力するプロンプトや必要とする機能に応じて、最適なモデルを選択することをおすすめします。適切なモデルを選ぶことで、より良い結果を得ることができます。

モデル選択機能の特徴

　Cursor のモデル選択機能には、以下の 2 つの特徴があります。

- プロンプトごとにモデルを選択できる。

3.1 Chat（AIチャット機能）

- 同じ対話を続けながら、モデルを適宜変更可能。

これらの特徴を活かすために、以下のポイントに注意しながらモデル選択を行いましょう。

1. プロンプトを入力する前に、目的や求める回答を明確にする。
2. 各モデルの特性を理解し、プロンプトの内容や目的に合ったモデルを選択する。
   - 必要な機能がサポートされているかを確認する。
   - 回答の精度や品質、コストを考慮して、最適なモデルを選ぶ。
3. 回答を確認し、必要に応じてモデルを変更する。
4. モデル選択の経験を積んで、適切な判断ができるようにしましょう。

Cursorのモデル選択機能を有効に活用することで、モデルの特性を理解しながら使い分けることができ、状況に応じて回答の精度やコストを調整できます。

「Normal Chat」で選択可能なモデルとその特徴は以下の表の通りです。

モデル名	特徴	最大トークン数
cursor-small	Cursorが独自に開発したLLM。GPT-3.5と同等の速度でありながら、より高い精度を実現	4,096
gpt-4	OpenAI社が開発したLLM。マルチモーダルに対応し、高い性能が評価されている	8,192
gpt-4-turbo-2024-04-09	GPT-4の派生モデルの1つ。GPT-4をベースにした高性能バージョン	128,000
gpt-4o	GPT-4の高速・高効率版。低コストで高速に動作することを特徴とする	128,000
claude-3-opus	Anthropic社が開発したLLM。GPT-4と同等以上の性能を持つと評価されている	200,000

OpenAI / Anthropic API Keyを設定した場合の選択肢や使える機能の違いについては後述しますが、ここでは料金プランとの関係を説明します。

プラン	Hobby	Pro / Business
Cursor-small	月 200 回	無制限
高速 GPT-4	—	月 500 回
低速 GPT-4	50 回	無制限
Claude 3 Opus	—	1 日 10 回

「gpt-4」で始まる名前のモデルは料金プラン上「GPT-4」の利用としてカウントされます。

各プランには、モデルごとに使用回数の制限があります。常に高性能で賢いモデルを選択し続けると、簡単に上限に達してしまいます。簡単なプロンプトには、cursor-small を使用すると、費用対効果とレスポンス速度が向上します。

また、Claude 3 Opus は複雑なタスクの処理に長けているとされているので、他のモデルで思ったような回答が得られないときに利用すると効果的です。

【注意】Pro や Business プランに加入していても、高速 GPT-4 は月 500 回の上限があり、それに達すると自動的に低速になってしまいます。月額 20 米ドルを追加課金することで、高速 GPT-4 を 500 回単位で増やすことができますが、高速 GPT-4 の利用は無制限ではないことに注意してください。

▼ シンボル参照機能

AI アシスタントに質問する際、プロンプトだけでなく、エディタで最前面になっているファイルの内容が自動的にモデルに送信されます。そこに書かれているプログラムにもとづいてプロンプトの指示による回答が行われます。デフォルトでは最前面のファイルだけの参照先を、いろいろな単位で指定できるのが、@ 記号を使ったシンボル参照機能です。

3.1 Chat（AI チャット機能）

　以下に、Mention プルダウンリストに表示されるシンボル参照機能を項目別に説明します。

Files 参照

　ファイル単位で参照先を指定する機能です。

　エディタで最前面のファイルはデフォルトで参照されます（送信前は参照予定の情報がプロンプト入力欄下の「WILL USE」エリアに表示されます）。
　次の AI ペインでは、Files 参照を指定せず、エディタでファイルを開いていない状態で、「main.py」ファイルについての質問を行っていますが、回答

が得られていません。

> main.py に書かれている関数をリストにしてください。

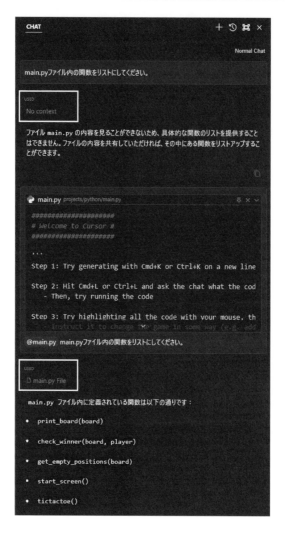

　回答時に参照された情報はプロンプト下部の「USED」エリアに表示されますが、「No context」（関連情報なし）と表示されています。

　次に、@Mention プルダウンから Files を選択、「main.py」ファイルを選択してから、同じ質問を行うと、今度は「main.py」に書かれている関数のリス

トが回答されています。

> @main.py main.pyに書かれている関数をリストにしてください。

「USED」エリアには「main.py」ファイルが表示されています。

指定を行った後、参照したファイル名の横に表示される×マークをクリックして、参照を取り消すこともできます。

エディタで最前面になっていないファイルを参照したい場合、また、複数のファイルを参照したい場合などに便利な機能です。

Folders 参照

@Mention プルダウンから Folders を選択し、フォルダを選択すると、そのフォルダ全体を参照できます。

フォルダ参照は、コードベースがインデックス化されている場合にのみ利用できます。コードベースのインデックスについては第 4 章で説明します。

Code 参照

関数名を入力することで、関数やメソッドなどの小さなコードブロックを参照できます。リストに表示される項目は、現在開いているファイルの中から参照されます。

Web 参照

@Mention プルダウンから Web を選択すると、プロンプトの内容で Web を検索し、その結果も加えた形で回答を返します。

参照された情報源がプロンプト下部の「USED」に表示されますが、Web の場合は地球アイコンが表示されます。地球アイコンをクリックするとブラウザでそのページを閲覧できます。

> @Web Python のコード規約に沿っていますか？

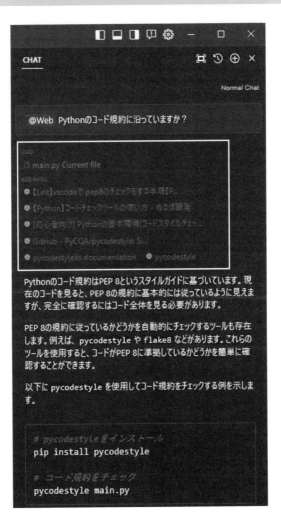

また、プロンプト欄に URL を直接入力することで、そのページのリアルタイム情報を参照することもできます。

```
「AI を用いたクラウドサービスに関するガイドブック」が公表されたのは何年何月何日
ですか？ @https://www.soumu.go.jp/menu_news/s-news/01ryutsu06_0200
0305.html
```

これは、モデル（GPT-4）のナレッジカットオフ（最新の情報に更新された時点）より新しい情報についての質問に正しく答えている例です。モデルが学習していない最新情報を Web に問い合わせたい場合に便利な機能ですが、Web 検索を行うため処理時間が長くなります。必要に応じて利用するのがよいでしょう。

Docs 参照

生成 AI を利用する際の課題の 1 つに、モデルが知らない情報への対応が挙げられます。たとえば「最新情報を知らない」「自社の独自情報などのニッチな情報は学習されていない」といったケースです。

こうした問題に対処するため、Web のチャットボットでは、RAG（Retrieval-Augmented Generation：検索拡張生成）という仕組みが用いられます。RAG では、モデルの外部にデータベースを設置し、ユーザーの質問に応じてデータベースで検索を行います。その検索結果を用いてプロンプトを合成し、モデルに送ることで、モデルが本来知らない情報を補完することができるのです。このように RAG を活用することで、生成 AI の弱点を克服し、より幅広い情報に対応できるチャットボットの構築が可能になります。

Cursor の「Docs」機能は、RAG と同様の仕組みを採用しています。あらかじめ学習させておいた情報を LLM に提供し、その情報をもとに LLM が回答を生成します。これにより、LLM が本来知らない情報についても、適切な回答を生成できます。

@Mention プルダウンから Docs を選択すると、Cursor に付属している「Official」表示の公式ドキュメントがリストされます。

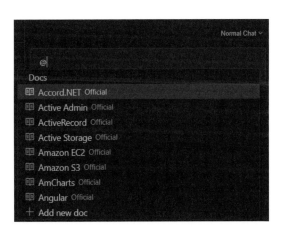

@に続く文字を入力していくと、該当するDocsが絞り込まれてリスト表示されます。

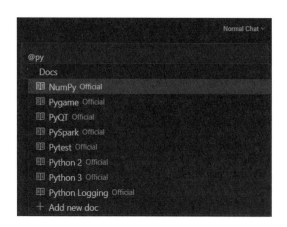

その中から必要なドキュメントを選択して、プロンプトを入力して「chat」ボタンを実行します。

初期のDocsリストに含まれない情報を同じように参照させたい場合、リストの最下行にある「+Add new doc」をクリックして、カスタムDocsとして登録できます。

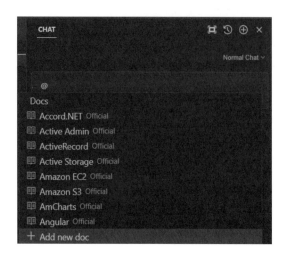

ここでは、Claude 3 にいち早く対応したクラウド環境として人気の Amazon Bedrock の公式ドキュメントをカスタム Docs として登録してみましょう。

「Add docs」ダイアログに URL を入力して Enter キーを押します。

```
https://docs.aws.amazon.com/ja_jp/bedrock/latest/APIReference/welcome.html
```

「Add new docs」ダイアログが表示されるので、Docs リストで表示される時の名前を編集するなどして、「Confirm」ボタンをクリックします。

「prefix」は公式ドキュメントに以下のように記載されています（原文は英語）。

> prefix は、新しいドキュメントで各 URL と関連付けられるルートです。通常、ドキュメントでその URL が開始されるところに使用されます。この prefix は、ドキュメント内のページのエントリポイント URL として機能し、その prefix が含まれていないページはドキュメントに含まれません。

> 典型的には、このprefixは https://mydocs.com/docs のようになります。ドキュメントがサブドメイン上にホストされている場合は、例えば https://docs.mycompany.com のようになります。

　「Confirm」ボタンをクリック後、「Indexing…」、「learning…」といった関連情報のダウンロードや学習のプロセスが表示されるので、その間は待ちます。
　Docsの登録処理が完了したら、Docsリストから登録したドキュメント名を選択すれば、学習した内容についての質問に回答できるようになります。
　次の図は、最初のプロンプト送信時にはBedrockに関する質問に答えられなかったAIアシスタントが、Docsを登録して、シンボル参照を指定した後、回答できるようになった例です。

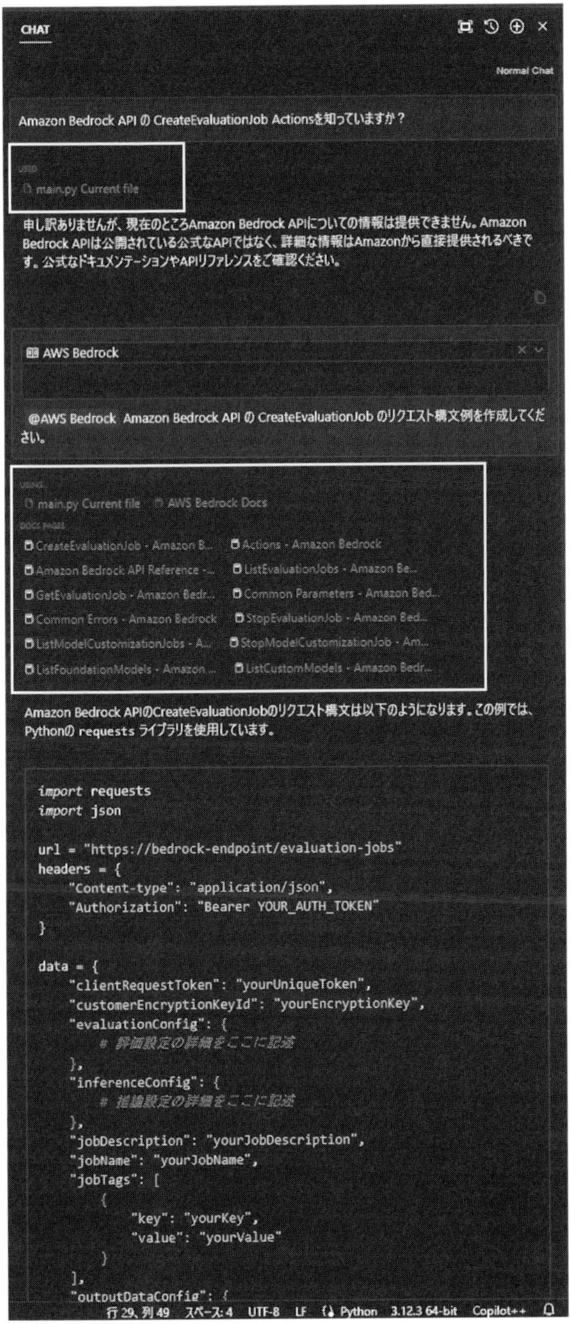
CHAT
Normal Chat
Amazon Bedrock API の CreateEvaluationJob Actionsを知っていますか？
main.py Current file
申し訳ありませんが、現在のところAmazon Bedrock APIについての情報は提供できません。Amazon Bedrock APIは公開されている公式なAPIではなく、詳細な情報はAmazonから直接提供されるべきです。公式なドキュメンテーションやAPIリファレンスをご確認ください。
AWS Bedrock
@AWS Bedrock Amazon Bedrock API の CreateEvaluationJob のリクエスト構文例を作成してください。
main.py Current file
AWS Bedrock Docs
CreateEvaluationJob - Amazon B...
Actions - Amazon Bedrock
Amazon Bedrock API Reference -...
ListEvaluationJobs - Amazon Be...
GetEvaluationJob - Amazon Bedr...
Common Parameters - Amazon Bed...
Common Errors - Amazon Bedrock
StopEvaluationJob - Amazon Bed...
ListModelCustomizationJobs - A...
StopModelCustomizationJob - Am...
ListFoundationModels - Amazon ...
ListCustomModels - Amazon Bedr...
Amazon Bedrock APIのCreateEvaluationJobのリクエスト構文は以下のようになります。この例では、Pythonの requests ライブラリを使用しています。
import requests
import json
url = "https://bedrock-endpoint/evaluation-jobs"
headers = {
"Content-type": "application/json",
"Authorization": "Bearer YOUR_AUTH_TOKEN"
}
data = {
"clientRequestToken": "yourUniqueToken",
"customerEncryptionKeyId": "yourEncryptionKey",
"evaluationConfig": {
# 評価設定の詳細をここに記述
},
"inferenceConfig": {
# 推論設定の詳細をここに記述
},
"jobDescription": "yourJobDescription",
"jobName": "yourJobName",
"jobTags": [
{
"key": "yourKey",
"value": "yourValue"
}
],
"outputDataConfig": {
行 29、列 49 スペース: 4 UTF-8 LF Python 3.12.3 64-bit Copilot++

プロンプト下の「DOCS PAGES」に参照した情報のリストが書類アイコンで表示されます。リストをクリックすると、インデックスされたページをブラウザで開いて閲覧することができます。

登録されたカスタム Docs は、リストの右端ギアアイコンをクリックして、設定画面を呼び出すことができます。

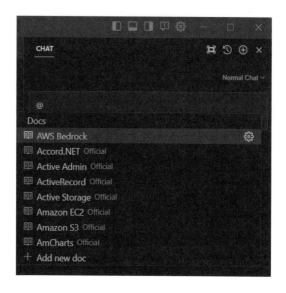

ドキュメント名の横にある鉛筆アイコンをクリックするとドキュメント名を編集できます。ゴミ箱アイコンをクリックするとドキュメントを削除することができます。

また、見開きの本アイコンをクリックするとインデックスされたページのリストが表示されます（スクロール可）。ドキュメントを登録しても期待した回答が得られない場合は該当する情報が掲載されているページがインデックスされているかを確認してください。

3.1 Chat（AI チャット機能）

　チーム内で独自の API 仕様書やドキュメント類を共有して開発する場合、以下のような情報共有の方法があります。

1. イントラネットの Web サーバーに開発資料を置き、Docs として事前学習させる。
   - Business プランに加入すると、チーム内で Docs を共有できます（詳細は第 4 章「Cursor のカスタマイズ設定」を参照）。
2. URL 参照を使用して、リアルタイムな情報を参照させる。
3. Git などのバージョン管理システムを経由して、フォルダ、ドキュメントを共有し、Folders 参照、Files 参照を利用する。

　Cursor の優れた点の 1 つは、これらの情報共有の方法を柔軟に選択できることです。

Lint errors 参照

現在のファイル内の Lint エラー（構文エラーや未宣言の変数など）に関するすべての情報をチャット内にすばやくインポートできます。

コード内に複数の Lint エラーがある場合は、そのすべてを対象にした修正コードが提案されます。

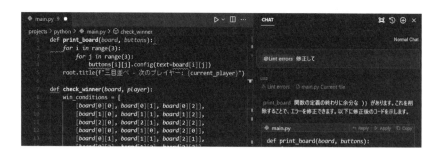

Lint errors 参照は AI ペインのチャット内でのみ利用可能です。

Git 参照

メインブランチと比較したコードベースの差分や、作業状態からの差分をすばやく AI に示すことができます。さらに、コミットメッセージを入力することで、単一のコミットを参照することもできます。

Git 参照はチャット内でのみ利用可能です。

Codebase 参照

Codebase 機能を使うと、Cursor で開いているウィンドウのフォルダ（プロジェクトのルートディレクトリ）内全体から、プロンプトに対して最も関連性の高いコードスニペット（コードの一部分）を参照した回答が得られます。

これにより、プロジェクト内の膨大なコードの中から、必要な情報をすばやく参照できます。

Codebase 参照はチャット内でのみ利用可能です。

チャット欄に「@Codebase」と入力すると、右側の「Advanced」トグルから Codebase の詳細設定にアクセスできます。

「Advanced」トグルスイッチをクリックすると、以下の設定画面が表示されます。

Using codebase context Number of results per search:
　この設定では、コードベースのコンテキストから1回の検索で返される最大結果数を設定できます。デフォルトでは100件に設定されています。

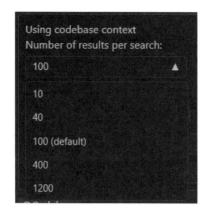

Files to include / Files to exclude

検索対象とするファイルの種類を拡張子で指定できます。

「Files to include」では含めるファイル名のパターン(例:*.py)を、「Files to exclude」では除外するファイル名のパターンを指定できます。

Reranker

Reranker(リランカー)とは、RAG によって返された複数の結果を、再度スコアリングして並べ替えることで精度を高める手法です。Reranker という用語は、この再ランキング(Rerank)を行うモデルを指しています。

デフォルトでは、「gpt-3.5-chain-of-thought」モデルが選択されています。これは、GPT-3.5 モデルをベースに、複雑な問題を解決するための一連の論理的なステップを明示的に示すように設計された言語モデルです。この chain-of-thought(思考の連鎖)アプローチは、問題分析、アルゴリズムの設計、コードの実装、テストと評価などの段階的なプロセスを明確に示すことで、プログラミングにおいてよりエラーが発生しにくく、理解しやすいコードの生成に役立ちます。

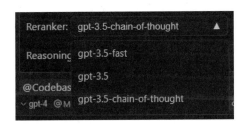

Reasoning step

ここでのReasoningとは、コードベース全体からより適切な回答を得るための論理的な推論プロセスを指しています。

デフォルトは「no」になっていますが、「yes」にすると推論ステップが行われるようになります。デフォルトが「no」なのは処理速度が遅くなることや、推論した結果が必ずしも良い回答になるとは限らないことのバランスを考慮してのことかと思われます。

Codebaseの詳細設定については公式ドキュメントでの言及がないため、説明は一般的なRAGの視点からの推測ですが、これらの設定を組み合わせることで、コードベース検索の対象、結果の絞り込み方法、再ランク付け方法、推論のオンオフなどを細かく制御できるようになっています。コードベース内に存在する情報が思ったように参照されない場合は、これらの設定を調整してみてください。

Codebase参照について、プライバシーや情報保護面の心配をする人もいるかもしれませんが、Codebase参照では、ソースコードが丸ごとアップロードされるわけではありません。

実際の動作フローは、以下のようになっています。

1. まず、ローカルのプロジェクト内のコードを小さな断片（チャンク）に分割します。
2. 各チャンクをCursorのサーバーに送信します。
3. サーバー側で、OpenAIのベクトル化APIやカスタムベクトル化モデルを使って、コードをベクトル表現に変換します。
4. このベクトル表現をリモートのベクトルデータベースに保存します。このとき、コードの開始・終了行番号やファイルへの相対パスも一緒に保存されます。

5. 重要なのは、このデータベースにはコードそのものは保存されないことです。
6. ユーザーからのリクエストが終了後、これらの情報はデータベースから削除されます。

つまり、Cursor のサーバーにアップロードされるのは、コードの断片とそのベクトル表現だけです。これにより、ユーザーのプライバシーを保護しつつ、効率的なコード参照を実現しているのです。

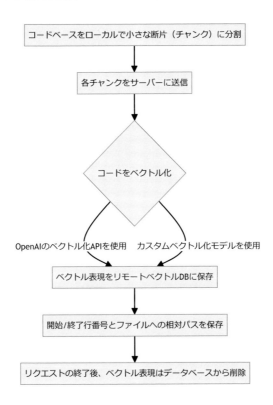

AI アシスタントからの回答の上に表示される「Final Codebase Context」トグルをクリックすると、その回答を生成する際に参照されたファイルと開始 - 終了行番号が表示されます。これにより、上記の動作が行われていることがわかります。

第 3 章　Cursor の機能説明

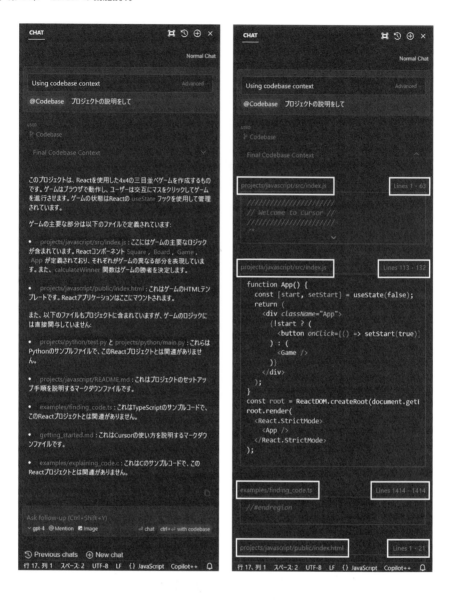

　なお、公式フォーラムでこの動作やデータ保護について議論されたスレッドがあります。Anysphere 社 CEO の Michael Truell 氏からの説明もあるので、興味がある方はぜひソースに当たってみてください。

Codebase Indexing
https://forum.cursor.sh/t/codebase-indexing/36/14

シンボル参照機能について最後にまとめると、参照先は 1 つだけでなく、複数のものを組み合わせることもできます（例：Docs と Files）。

シンボル参照は非常に柔軟で強力な機能ですが、必要以上に参照範囲を広げないほうが良いでしょう。大量のファイルを含むプロジェクトで Codebase 参照を使うと、処理時間がかかったり、設定によっては参照されないケースも生じる可能性があります（関連する設定については第 4 章、第 5 章で説明します）。

▼「Image」ボタン

プロンプトに画像を添付できる機能です（執筆時点では GPT-4 系、Claude 3 Opus、Claude 3.5 Sonnet モデルが対応）。

Image ボタンをクリックして表示されるダイアログで画像ファイルを選択するか、チャットのプロンプト入力欄に画像をドラッグ＆ドロップ、またはクリップボードからペーストすることもできます。

Web ページのデザイン案画像から HTML、CSS のモックアップ作成依頼のプロンプトを投げたり、ブラウザ上のエラーのスクリーンショットを貼り付けて修正依頼プロンプトを投げるといった場面でとても便利です。

このスクリーンショットは、前の章で作成した四目並べゲームが意図通りの表示、動作ではなかったときのプロンプト例です。

第 3 章　Cursor の機能説明

　画面上の状況をテキストで説明するよりも、スクリーンショットの方が一目瞭然な場合も多いので、積極的にご活用ください。

▼「chat」ボタン

　プロンプトを送信します。Enter キーで送信することもできます。chat ボタンを実行すると、その時点でエディタで最前面になっているファイルが自動的にプロンプトで参照されます。

▼「codebase」ボタン

　シンボル参照の「@Codebase」と同じ動作ですが、「with codebase」ボタンをクリックするか、Ctrl/⌘ + Enterキーのショートカットを使うことで、自動的に Codebase 参照となります。これにより、@Mention プルダウンから都度 @Codebase を指定する手間が省けます。

```
Ctrl/⌘ + Enterキーを打つことで、自動的にCodebase参照となります。
  gpt-4  @Mention  Image          chat  ctrl+⏎ with codebase
```

▼「Apply」ボタン

　Apply ボタンは、AI アシスタントが提案したコードの変更を、ユーザーのローカル環境に簡単に適用できる機能です（執筆時点では GPT-4 系、Claude 3 Opus、Claude 3.5 Sonnet モデルが対応）。この機能を使うことで、ユーザーは AI アシスタントとのやり取りで生成されたコードをワンクリックで取り入れることができ、開発のスピードと効率が大幅に向上します。

　「Apply」ボタンの動作を詳しく見ていきましょう。

1. ユーザーがコードに関する質問やタスクを自然言語で入力します。
2. AI アシスタントがユーザーのプロンプトや参照を分析し、回答やコードの生成・修正を行います。
3. AI アシスタントの提案は、変更前のコードと変更後のコードを並べて表示されます。これにより、ユーザーは変更点を明確に確認できます。
4. 提案をコード全体、または変更箇所ごとに受け入れ、取り消しを選択できます。

　たとえば、前章で作成した四つ並べゲームで「コマが三つ並んだ時点でリーチ！」というダイアログ表示を追加するケースがあるとします。提案コードが提案される画面は次の図のようになります。

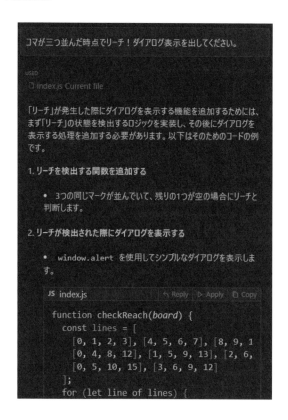

　ここで、ユーザーは AI アシスタントが提案した変更を確認し、「Apply」ボタンをクリックします。すると、提案された変更がユーザーのローカル環境のコードに自動的に反映されます。

　このように、「Apply」ボタンを使用することで、ユーザーは AI アシスタントが提案した変更を確認した後、ワンクリックでその変更をローカル環境に反映できます。これにより、コードエディタとの行き来や手動での変更適用が不要になり、開発のスピードと効率が大幅に向上します。

　また、「Apply」ボタンは変更の適用を選択的に行うことができます。AI アシスタントが複数の変更を提案した場合、ユーザーは必要な変更だけを選択して適用できます。

3.1 Chat（AI チャット機能）

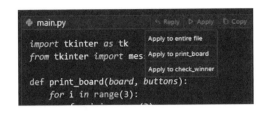

「Apply」ボタン実行後、提案コードの変更前後のブロックが、変更前は赤背景、変更後は緑背景で表示されます。

このとき、AI ペインの提案コード上部は「Accept」と「Reject」ボタンが表示されています。変更を受け入れる場合は「Accept」ボタン、取り消したい場合は「Reject」ボタンをクリックします。

また、エディタ内の変更後のブロック（緑色）が表示されるショートカットを実行するか、ショートカットのボタンをクリックすることで、個別に変更を受け入れるか、取り消すかを選択することもできます。

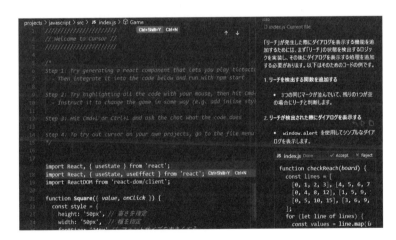

これにより、ユーザーは AI アシスタントの提案を柔軟に取り入れながら、最終的な意思決定を行うことができます。

「Apply」ボタンは、AI アシスタントとユーザーがシームレスに協働できるようにし、開発の利便性と生産性を大幅に向上させる機能です。この機能を利用することで、ユーザーは AI アシスタントの知識を効果的に活用し、開発プ

ロセスを迅速に進めることができます。また、最終的な意思決定はユーザーが行うため、開発におけるコントロールも維持されます。

▼「Reply」ボタン

　「Reply」ボタンは、ユーザーが AI アシスタントとの対話をスムーズに進めるための機能です。この機能を使うことで、ユーザーは AI アシスタントの提案コードに対する返信や追加の質問を簡単に行うことができます。
　「Reply」ボタンの動作を詳しく見ていきましょう。

1. ユーザーがコードに関する質問やタスクを自然言語で入力します。
2. AI アシスタントがユーザーの入力を分析し、回答やコードの生成を行います。
3. 提案されたコードの上部に「Reply」ボタンが表示されます。
4. 「Reply」ボタンをクリックすると、提案されたコードを参照した AI アシスタントの回答に対する返信や追加の質問を入力することができます。

　次の図は、「Reply」ボタンをクリックして、前のプロンプトで提案されたコードに問題がないかを確認した回答例です。

3.1 Chat（AI チャット機能）

Replying to:

```
function FourInARow()
    const initialBoard = Array(4).fil
    const [board, setBoard] = useState
    const [currentPlayer, setCurrentP
```

この修正コードで問題は生じませんか？

USED
index.js Current file

提供されたコードにはいくつかの問題点がありますが、基本的な機能は正しく動作する可能性があります。ただし、以下の点に注意する必要があります：

1. `startGame` 関数の定義が不足しています。

- `startGame` ボタンの `onClick` ハンドラーで `startGame` 関数が呼び出されていますが、この関数の定義がコード内に見当たりません。ゲームを開始するためのロジックを含む `startGame` 関数を定義する必要があります。

2. 勝者が決定した後のゲームの状態管理。

- 勝者が決定した後も、他のセルをクリックすると `currentPlayer` が切り替わる動作が残っています。勝者が決定した後は、ゲームの操作を完全に停止するか、リセットボタン以外の操作を無効にするべきです。

3. UIの更新が適切かどうかの確認。

- 勝者が決定した際に、その情報をユーザーに明確に伝えるUIが必要です。現在は `<h2>` タグで勝者を表示していますが、これがユーザーにとって十分に目立つかどうかを検討し、必要に応じてさらに目立たせる工夫が求められます。

4. コードの整理と最適化。

- 現在のコードは基本的な機能は実装されていますが、より読みやすく、効率的なコードにリファクタリングすることで、保守性や拡張性を向上させることができます。

これらの点を改善することで、より堅牢でユーザーフレンドリーなアプリケーションにすることが可能です。

AI アシスタントは自分で提案したコードであっても、確認を指示すると問題を指摘することがよくあります。これは、生成 AI が提案したコードを再度分析することで、初回の生成時には見落とされていた問題点や改善点を発見するためです。このことから、生成 AI が常に 1 回で最適解を提示するとは限らないことがわかります。

具体的な例として、上図のように AI アシスタントが生成したコードに対して、以下のプロンプトの Reply で質問すると、AI アシスタントは問題を指摘しています。

> この修正コードで問題は生じませんか？

1. `startGame` 関数の定義が不足しています。
2. 勝者が決定した後のゲームの状態管理。
3. UI の更新が適切かどうかの確認。
4. コードの整理と最適化。

「Reply」ボタンを使用することで、ユーザーは回答に対する返信や追加の質問を簡単に行うことができます。これに応じて、AI アシスタントはさらに詳細な説明や補足情報を提供します。このようなインタラクティブなやり取りにより、エディタでコードに変更を反映する前に、AI アシスタントとの対話を通じて問題点を解決し、より良いコードを作成することができます。

▼「Copy」ボタン

「Copy」ボタンは、AI アシスタントが提案したコードや回答をワンクリックでクリップボードにコピーできる機能です。この機能を使うことで、ユーザーは AI アシスタントとのやり取りで得られた情報を簡単に再利用することができます。

「Apply」ボタンが対応していないモデルを選択している場合、コードの転記に「Copy」ボタンを使用せざるを得ません。ただし、「Apply」ボタン実行時のような変更の前後確認プロセスがないため、注意深く利用することをおすすめします。

提案されたコードブロックの下には、「Apply」、「Reply」、「Copy」の 3 つ

のボタンが配置されています。これらのボタンは、カーソルを合わせると淡く表示されます。

▼ /edit コマンド

/edit コマンドは、AI ペインのチャット機能において使用するコマンドです（執筆時点では GPT-4 系モデルが対応）。以下は、その使用方法についての説明です。

1. /（スラッシュ）を入力すると、炎のアイコンが付いた「Edit」というサジェスチョンが表示されます。それを選択してください。

2. /edit コマンドに続けて、プロンプトを入力し、送信します（この状態では、Enter で実行されるボタンは「edit」になります）。

3. 提案コードは表示されず、AI アシスタントが提案するコードがローカルのコードに変更を反映した状態まで一気に進みます。
4. エディタでコードを確認し、変更を受け入れる場合は「Accept Edit」、受け入れたくない場合は「Reject Edit」ボタンをクリックします（コード上の変更箇所ごとの選択も可能です）。

この /edit コマンドの使い方により、コード修正の操作ステップを減らすことができます。

また、通常の手順でプロンプトを送信して提案コードが表示された後に、/edit 実行してとプロンプトを送信すると、提案コードがエディタに反映されます。「実行して」の指示だけで通じる理由は、/edit コマンドがチャットのプロンプト入力欄から実行されるため、そこまでのチャット履歴を知っているからです。同じ指示を繰り返す必要はありません。

3.1 Chat（AI チャット機能）

```
def tictactoe_gui():
    global root
    root = tk.Tk()
    root.title("四目並べ - 次のプレイヤー: X")
    board = [[" " for _ in range(4)] for _ in 
    buttons = [[None for _ in range(4)] for _ 

    for i in range(4):   # 3から4に変更
        for j in range(4):   # 3から4に変更
            cmd = lambda r=i, c=j: on_button_c
            buttons[i][j] = tk.Button(root, te
            buttons[i][j].grid(row=i, column=j

    root.mainloop()
```

これで、ゲームは4x4のグリッドになり、4つの同じマークが一列に並ぶと勝ちとなるルールに変更されました。

　公式サイトによると、/edit コマンドは実行の際、AI アシスタントが変更のない部分をスキップすることで、変更の処理が速くなるとのことです。

3.2　Interpreter Mode

Interpreter Mode は、ChatGPT の「Advanced data analysis」（略称「ADA」、旧称「Code Interpreter」）の Cursor 版といえます（執筆時点では GPT-4 系モデルが対応）。

ChatGPT の ADA は、データ分析と Python コードの生成を支援する機能です。Python コードをクラウド上のサンドボックス環境で実行し、結果を生成します。これにより、ユーザーのローカル環境に影響を与えることなく、コードを実行してブラウザに結果を返すことができます。

ただし、アップロードできるファイル容量に制限があったり、インターネットへのアクセスができない、一定時間でタイムアウトする、ユーザーとの対話型アプリケーションは動作しない（次の図は ChatGPT で三目並べ CLI を実行した画面）などの制約があります。

また、生成されたコードをローカルで動作させたい場合は、ダウンロードしてファイルの再配置やパスの書き換え、実行などを手動で行う必要があります。

一方、Cursor の Interpreter Mode は、ユーザーのローカル開発環境で動作するため、ChatGPT の ADA のような制約がありません。コードの生成・修正だけでなく、Python コードや一部のシェルコマンドの実行も可能です。これがクラウド上で実行される ADA との大きな違いです。

シェルコマンドは基本的なファイル操作やディレクトリの操作に対応しており、プログラミング言語は「ベータ版なのであまり良くないかもしれませんが任意の言語で動作するはず」と公式フォーラムで開発者からコメントが付いています（いろいろ試して、ぜひ開発者にフィードバックしてください）。

What are languages does the interpreter mode support?
https://forum.cursor.sh/t/what-are-languages-does-the-interpreter-mode-support/1808/3

Interpreter Mode を使う手順は以下の通りです。

1. 新規チャットを作成します。
2. チャットモードから「Interpreter Mode」を選択します。
3. プロンプト入力欄にコード生成のプロンプトを入力します。
4. 「chat」ボタン、または「auto-execute」ボタンを実行します。

「chat」ボタンを実行した場合は、AI アシスタントがコードを生成し、提案します。提案されたコードを確認し、必要に応じて修正を求めることができます。

　「auto-execute」ボタンを実行した場合は、AIアシスタントがコードを生成し、自動的に実行します。実行結果がチャット画面に表示されます。

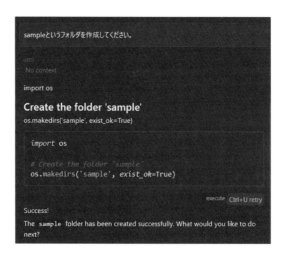

　次の図は先の三目並べCLIアプリケーションのコードに対して、Interpreter Modeで「このファイル内の関数をモジュール化して別ファイルに分けてください。」というプロンプトを実行した画面です。

3.2 Interpreter Mode

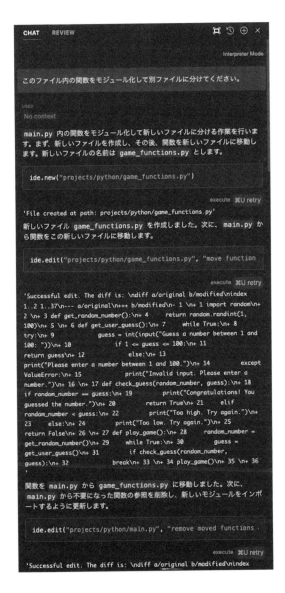

　途中、「execute」ボタンの実行待ちが何度か表示されましたが、「game_functions.py」ファイルを作成、そこに関数を移動して、「main.py」からは除去といった一連の処理を実行。最初は別ファイルに分けた関数をインポートするコードが抜けていたため Lint エラーになりましたが、Lint errors シンボル

参照で修正を使って、無事に関数をモジュール化して動作するゲームになりました。

▼ 注意事項

Interpreter Modeでは、以下のようなメッセージが表示されて、処理がうまくいかない場合があります。

```
Failed. Shell not supported.
Command detection must be available, for now.
```

このような場合、以下の方法を試してみてください。

1. 「Pythonで実行」と指示する
   - AIアシスタントがPythonコードからコマンドラインを呼び出す方法に切り替えて、処理がうまくいくことがあります（Interpreter Modeは内部的にPythonを思考エンジンとして使用しています）。

例：フォルダ作成の指示でいったんエラーになった場合

「Pythonで実行」プロンプトを実行して、フォルダの作成に成功。サイドバーでも「123」フォルダが表示されています。

3.2　Interpreter Mode

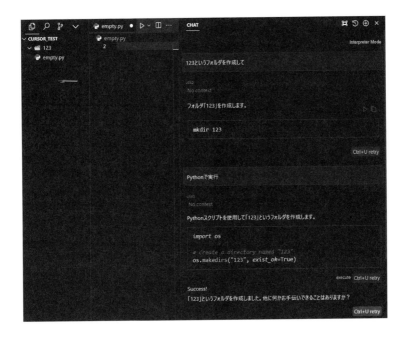

2. 「実行」と再度指示する
   - 単に「実行」と指示するだけでも、リトライでうまくいくことがあります。
   - 「あなたなら絶対できる」といった「エモーションプロンプト」のテクニックが有効な場合もあります。

ただし、Interpreter Mode はベータ実装のため、動作が不安定な場合もあります。AI アシスタントから提案されたコマンドをコピーして、ターミナル画面に直接ペーストして実行する方が早い場合もあります。どちらの方法を選択するかは、個々のケースで判断してください。

また、ターミナル画面でコマンドラインを操作する場合は、後述する「ターミナル Commad K」機能を使って、ターミナル上でも AI アシスタントからの支援を受けることもできます。

» 3.3　Command K

Command K（コマンド K）は、Cursor に搭載されたインライン AI アシスタント機能です。

この Command K の機能を使うことで、エディタ内でコードの一部を選択し、AI アシスタントと対話しながらコードの編集や生成を行うことができます。

▼ 起動手順

Command K は以下の 2 つの方法で起動できます。

1. コードの一部を選択し、⌘+K（macOS）または `Ctrl+K`（Windows）のショートカットキーを使用する。
2. コードの一部を選択し、表示されるツールチップの「Edit」ボタンをクリックする。

```
21  function square({ value, onClick }) {
22    const style = {
23      height: '50px',    // 高さを指定
24      width: '50px',     // 幅を指定
25      fontSize: '24px',  // フォントサイズを大きくする
26    };
```
Add to Chat Ctrl+Shift+L　　Edit Ctrl+K

Command K による部分編集は、1 行から 50 行程度の選択範囲で最も効果的に機能します。選択範囲が 50 行を超える場合は、「Add to Chat」機能で選択範囲を AI ペインのチャットに送信することを推奨します。

バージョン 0.33.0 から、Command K の自動選択機能が追加されました。これにより、Command K を起動すると、カーソルの置かれている現在の作業領域が自動的に選択されるようになりました（手動で任意の範囲を選択することもできます）。

何も選択せずに、空の行で ⌘+K または `Ctrl+K` を押すと、新規コードの生成モードになります。

▼ 使い方

Command K を起動すると、「プロンプトバー」と呼ばれるダイアログボックスが表示されます。ここでは、選択したコードの編集や新規コードの生成に関する指示を AI アシスタントに与えることができます。

プロンプトバーの主な機能は以下の通りです。

1. プロンプト入力欄
   - 未入力の状態では「New code instructions...（↑↓ for history, @ for code / documentation）」とプレースホルダーテキストが表示されているエリアです。
   - AI アシスタントに対する指示を入力します。
   - ↑↓キーで過去の入力履歴を参照できます。
   - AI ペインにある「image」ボタンはありませんが、画像をコピー＆ペーストすることで、画像にもとづいた質問や指示を行うことができます。
2. モデル選択
   - 使用するモデルを選択できます。
   - 選択できるモデルは AI ペインの「Normal Chat」チャットと同じです。
3. 「Submit Edit」ボタン

- 指示を送信し、AIアシスタントによるコードの編集や生成を実行します。

以上が、プロンプトバーの主要な機能と使い方です。プロンプト入力欄にコードに関する指示を入力し、適切なモデルを選択した上で、「Submit Edit」ボタンを押すことで、AIアシスタントがコードの編集や生成を行います。

▼ シンボル参照

AIペインのチャットのように「@Mention」プルダウンは表示されませんが、@記号を入力することでシンボル参照の機能を使うことができます。

Files、Code、Docsの参照については、AIペインでの動作と同様です。プロンプトバー独自の参照について説明します。

- @Chat：現在のチャットの内容を参照します。
- @Definitions：選択したコードに関連する定義情報（変数の定義、関数のシグネチャなど）を参照します。

@ChatシンボルをDefinitionsを使うことで、チャットでやり取りした内容をCommand Kのプロンプトで繰り返し入力する必要がなくなります。これにより、効率的にコード編集を進めることができます。

@Definitionsシンボルを使うことで、選択したコードに関連する変数の定義や関数のシグネチャなどの詳細情報を参照できます。これにより、コードの構造や動作をより深く理解した上で、適切な編集や生成を行うことができます。

参照を何も指定していない場合でも、Command Kは現在のファイル全体を

参照しています。つまり、AIアシスタントはファイル全体の内容を理解した上で、コードの生成を行っています。

▼ quick question

「quick question」ボタンを使うと、コードの生成を行う前に、AIアシスタントに質問をして、プロンプトを正しく理解しているか、あるいはどのような変更プランを持っているかを確認することができます。

例えば、コードの一部を選択してCommand Kを起動し、「quick question」ボタンを押して「このコードのパフォーマンスを向上させる方法は？」と質問することができます。AIアシスタントは選択したコードを分析し、パフォーマンス向上のための提案を返します。

次の図は、三目並べの勝者決定の関数について、次のプロンプトで質問した画面例です。

改善点はありませんか？

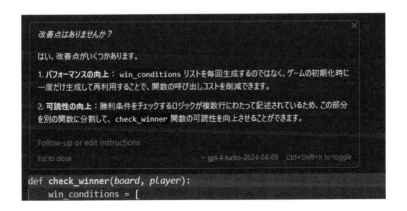

変更プランを確認して、それを実行させたい場合は「Follow-up or edit instructions」欄で「実行して」と指示することで、そのプランに沿ったコードの編集を実行することができます。

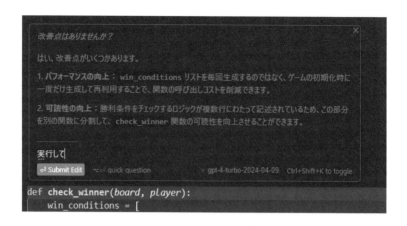

また、コードの一部についての不明点がある場合には、「説明してください。」とプロンプトを打ってから「quick question」ボタンをクリックすることで、選択部分のコードの説明を受けるような使い方もできます。

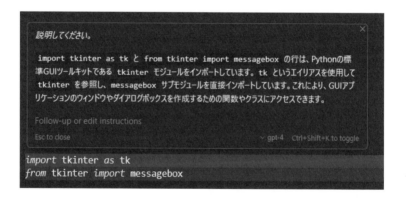

▼ Follow-up or edit instructions

「Follow-up or edit instructions」は、「Submit Edit」ボタンを押した後、または「quick question」ボタンを押した後に、追加の指示を与えるための機能です。これにより、より対話的に、コードの編集や生成を一連の流れで行うことができます。

たとえば、以下のような手順で Follow-up instructions を使用できます。

1. 「このコードをシンプルかつ効率的に書き直してください」と指示をして「Submit Edit」ボタンを押す。

```
def check_winner(board, player):
    win_conditions = [
        [board[0][0], board[0][1], board[0][2]],
        [board[1][0], board[1][1], board[1][2]],
        [board[2][0], board[2][1], board[2][2]],
        [board[0][0], board[1][0], board[2][0]],
        [board[0][1], board[1][1], board[2][1]],
        [board[0][2], board[1][2], board[2][2]],
        [board[0][0], board[1][1], board[2][2]],
        [board[2][0], board[1][1], board[0][2]]
    ]
    return [player, player, player] in win_conditions
```

2. 「Follow-up instructions」欄に「コードにコメントを追加して、処理の流れを説明してください」と指示する。

```
def check_winner(board, player):
    win_conditions = [
        [board[0][0], board[0][1], board[0][2]],
        [board[1][0], board[1][1], board[1][2]],
        [board[2][0], board[2][1], board[2][2]],
        [board[0][0], board[1][0], board[2][0]],
        [board[0][1], board[1][1], board[2][1]],
        [board[0][2], board[1][2], board[2][2]],
        [board[0][0], board[1][1], board[2][2]],
        [board[2][0], board[1][1], board[0][2]]
    ]
    return [player, player, player] in win_conditions
    # 横、縦、斜めの勝利条件をチェック
    for i in range(3):
        if all(board[i][j] == player for j in range(3)) or all(board[j][i] == pl
            return True
    # 2つの対角線の勝利条件をチェック
    if all(board[i][i] == player for i in range(3)) or all(board[i][2-i] == playe
        return True
    return False
```

このように、「Follow-up or edit instructions」を活用することで、段階的かつ対話的にコードの編集や改善を行うことができます。

また、「quick question」で説明した例のように、コードの改善に関する質問と実行指示を組み合わせることもできます。

Command K は、インラインでのコード編集や生成を強力にサポートする機能です。シンボル参照や「quick question」、「Follow-up or edit instructions」、作業領域の自動選択、画像による指示など、さまざまな機能を活用することで、AI アシスタントとの対話を通じて、より効率的かつ高品質なコードの編集や生成が可能になります。

» 3.4 ターミナル Command K

ターミナル Command K はターミナル上で使うことができる AI アシスタント機能です。

提案するのは、プログラムコードではなく、ターミナルで実行できるコマンドという点で違いがありますが、モデル選択、「quick question」、「Follow-up or edit instructions」、シンボル参照など、Command K の主要機能をサポートしています(ただし、画像の貼り付けには対応していません)。

シェルコマンドのほか、CLI アプリケーションの操作や SQL コマンドなども生成・実行できます。

▼ 起動・操作手順

ターミナル Command K は以下の方法で起動できます。

1. ターミナル内にカーソルを置いた状態で、`⌘+K`(macOS)または `Ctrl+K`(Windows)のショートカットキーを押す。
2. プロンプト入力エリアに AI アシスタントに対する指示を入力して「Submit」ボタンをクリックする。
3. 指示内容に沿った提案コマンドがターミナルに入力される。
4. 提案コマンドで問題なければ「Run」ボタンをクリックする。
5. ターミナルでコマンドが実行される。

実際の画面遷移を追ってみましょう。

次の図は、Windows 環境で `Ctrl+K`（Windows）のショートカットキーを実行した画面です。

「ファイルのリストを表示して」という指示を入力しました。

「Submit」ボタンをクリックすると、ターミナルに指示に応じたコマンドが入力されます。

「Run」ボタンをクリック。実行結果が表示されます。

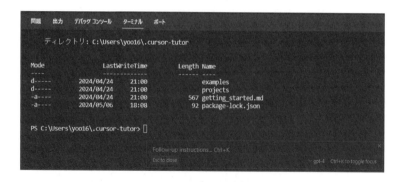

@ 記号を入力して、シンボル参照リストを表示します。

ここでは、Files の中から「main.py」ファイルを選択して、参照を指定、「@ main.py このファイルを実行するコマンド」プロンプトを入力します。

3.4 ターミナル Command K

「Submit」ボタンをクリックすると、ターミナルに「main.py」ファイルを起動するコマンドが入力されます。

「Run」ボタンをクリックすると、「main.py」ファイルが起動され、三目並べ GUI アプリケーションが表示されます。

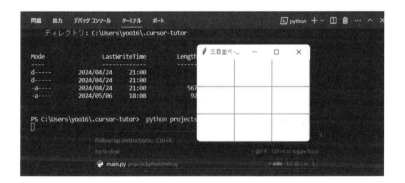

ターミナル Command K は、実行中のターミナル環境に応じてコマンドを自動的に切り替えます。これにより、異なるプラットフォーム間を行き来する場合でも、自然言語を使ってスムーズにコマンドライン操作ができるようになります。

» 3.5 Auto Terminal Debug

Auto Terminal Debug は、Cursor のターミナル上でのデバッグ作業を自動化する AI アシスタント機能です。

ターミナル上のエラーにマウスカーソルを合わせると表示される青い「Debug with AI」ボタンをクリックします。クリックすると、新しいチャットが開き、AI がファイルを調べ、問題を解決するための一連の思考プロセスを開始し、解決策を提示します。

次の図は、三目並べ GUI アプリケーションを起動時に表示されたエラーに対し、「Debug with AI」ボタンをクリックした画面です。

AI アシスタントは、Tkinter モジュールが存在しないためのエラーであると判断し、インストール手順を回答しています。

この機能は、ターミナル上のエラーをチャットに参照した状態で「Please help me debug this code. Only debug the latest error.」というプロンプトが入力されて自動的に実行される動作を行っています。そのため、回答は英語で返されます。日本語で読みたい場合は、英語の回答に対して「日本語で」と指示することで、日本語の回答を得ることができます。

» 3.6　Rules For AI（ユーザー単位の AI ルール）

「Rules For AI」は、AI アシスタントの振る舞いや出力内容をユーザー側で細かく指定できる高度な機能です。この機能を適切に設定することで、AI に特定の情報や規則を常に認識させることができます。

▼ 設定方法

この機能は Cursor の設定画面の「General」タブにあります。ユーザーはここに任意のテキストを入力でき、AI はそのルールに基づいてすべての機能を実行するようになります。

▼ 利用例

この機能を使えば、以下のようなルールを設定できます。

> ** コーディングに関するルール (Python 向け)**
> - コーディングスタイル (PEP 8 に準拠したスタイル、適切なインデントの使用など)
> - 特定の Python ライブラリの使用ルール (NumPy の使用、Pandas の使用など)
> - コーディング規約 (適切な変数名や関数名の付け方、コメントの付け方、モジュール分割の基準など)
>
> ** その他のルール **
> - 文章の口調の指定 (フォーマル、カジュアルなど)
> - 出力フォーマットの指定 (Markdown 形式、HTML 形式など)
> - 優先的に参照する情報源の指定 (社内ドキュメント、特定の Web サイトなど)
> - 機密情報の取り扱いルール (機密情報を含まない、マスキングするなど)
> - 文化的・倫理的配慮事項 (差別的表現の回避、ジェンダーニュートラルな表現の使用など)

このように、さまざまな観点から AI アシスタントの振る舞いをカスタマイズできます。

日本語で回答を得たい場合は「always output your answers in Japanese」と指定しておくと、基本的にチャットの回答が日本語になります（指定しても英語が混じることがあります）。

「Rules For AI」を上手に活用することで、AI アシスタントをチームやプロジェクトのニーズに合わせてきめ細かくカスタマイズでき、高度なプロジェクト管理が可能になります。この強力なツールをぜひご活用ください。

» 3.7 .cursorrules(プロジェクト単位の AI ルール)

.cursorrules は、リポジトリのルート直下に .cursorrules ファイルを作成することで、プロジェクト単位で AI アシスタントの動作やルールを設定できる機能です。

具体的な利用例としては、以下のようなことが可能です。

- プロジェクトの概要や背景、目的などの情報を記述し、AI にプロジェクトの文脈を理解させる。
- コーディングスタイルガイドラインやベストプラクティスを記載し、AI にプロジェクトのコーディング規約を遵守させる。
- よく使われるメソッドやライブラリ、フレームワークなどの情報を書いておき、AI にプロジェクトで使用される技術スタックを認識させる。

このように、.cursorrules ファイルにプロジェクトに関するさまざまな情報をまとめておくことで、AI アシスタントがプロジェクトの文脈を適切に把握し、チームのニーズに沿った出力ができるようになります。

プロジェクトメンバー全員で .cursorrules を共有・編集することで、AI アシスタントに一貫したルールセットを適用できます。プロジェクトの進行に合

わせて随時ルールを更新していくことが重要です。

.cursorrules はリポジトリ単位で設定できます。複数のプロジェクトに携わる場合でも、プロジェクトごとに適切なルールを設けることができます。AI をプロジェクト開発に効果的に活用するための強力なツールとなるでしょう。

» 3.8　Rules For AI と .cursorrules の相違点と使い分け

Rules For AI と .cursorrules は、AI アシスタントの動作をカスタマイズする機能ですが、その適用範囲と設定方法が異なります。

.cursorrules と Rules For AI の比較表

比較項目	Rules For AI	.cursorrules
適用範囲	ユーザー単位	プロジェクト単位
設定方法	Cursor の設定画面	リポジトリのルートの .cursorrules ファイル
ルールの共有	ユーザーごとに異なる	プロジェクトメンバー全員で共有
設定対象	文体、出力フォーマット、参照情報源など	プロジェクトの文脈、コーディング規約、技術など

つまり、Rules For AI はユーザーごとの好みや要件に合わせて AI の基本的な振る舞いを調整するのに対し、.cursorrules はプロジェクト単位で AI にプロジェクトの文脈を理解させ、開発チームのニーズに沿ったコーディングをさせるためのものです。

使い分けとしては、まずユーザーごとの基本設定を Rules For AI で行い、次にプロジェクトごとの詳細なルールを .cursorrules で設定するという使い方が考えられます。この 2 つの機能を組み合わせることで、ユーザーの嗜好に加え、プロジェクトの要件も反映させた上で、AI アシスタントを最適化できます。

この 2 つの機能を状況に応じて上手く使い分けることで、AI アシスタントの出力やコーディングをユーザーやプロジェクトのニーズに合わせて適切に調整できます。

» 3.9 Copilot++

　Copilot++ は、コード編集時のインライン自動補完機能です。行の途中からコード補完を提案するだけでなく、完全な行やブロックの変更案も提示します。

　この機能は、膨大なコードベースから学習したカスタムモデルを利用しており、現在編集中のコードの文脈を解析し、次に記述すべき内容を予測できます。

▼ Copilot++ の設定画面

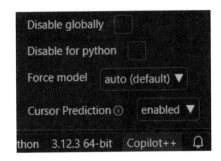

1. 「Disable globally」
   - この設定を有効にすると、Copilot++ の機能をすべてのファイル・プロジェクトで無効化します。
2. 「Disable for python」
   - 現在編集中のファイルの言語に対して、Copilot++ の機能を無効化します。他の言語のファイルでは有効のままとなります。
   - 「python」と表示されている部分は編集中のファイルの言語によって変化します（例：html、javascript、c）。
3. 「Force model」
   - この項目では、Copilot++ が使用するモデルを指定できます。
4. 「Cursor Prediction」
   - 次にカーソルが移動する行を予測する機能をオン / オフを切り替えられます。
5. ステータスバーの「Copilot++」

- ステータスバーの「Copilot++」表示部分をクリックすると、Copilot++ 機能自体のオン / オフを切り替えられます。

▼ Copilot++ のモデル選択

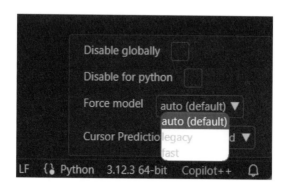

1. 「auto (default)」
   - デフォルトの設定です。現在は fast モデルが自動的に選択されるようになっています。
2. 「legacy」
   - 従来から使用されているレガシーモデルを強制的に使用します。
3. 「fast」
   - 高速で応答するモデルを使用します。

第4章 Cursorのカスタマイズ設定

　Cursorは高度なカスタマイズ性を備えたAIエディタです。ユーザーの好みやニーズに合わせて、さまざまな設定を変更できます。この章では、Cursor Settingsページの各セクションの設定項目とその効果について詳しく解説します。自分に最適な設定を見つけ、より快適で生産的なCursorの使用環境を整えましょう。

　Cursorの設定画面はタイトルバーの右端にある設定アイコンをクリックして開くことができます。

　以下では、設定画面（Cursor Settings）内のタブ順に説明していきます。

» 4.1　General

▼ Account

このセクションではログイン中のアカウント情報が表示されます。

Log out

現在使用しているアカウントからログアウトができます。

Manage

アカウント設定の管理を行うことができます。「Manage」をクリックすると、ブラウザが起動して https://www.cursor.com/settings ページが開かれます。

1. Change # of Fast Requests
   - 高速 GPT-4 の上限数を変更できます。現在の設定はプランによって異なります。
2. Manage Subscription
   - 現在のサブスクリプションプランの確認や変更ができます。クリックした先は Stripe のページとなり、支払いカードの切り替えや請求書や領

収書のダウンロードなどができます。
3. Upgrade to Business
   - ビジネスプランへのアップグレードができます。
4. Usage
   - 現在の利用状況が表示されます。モデルごとに以下の情報が確認できます。
5. gpt-4
   - 月ごとの高速 GPT-4 の上限数と現在の利用数が表示されます（筆者は追加課金しているため上限 1000 と現在の利用数 911 が表示されている）。Slow Requests は無制限に利用できます（ピーク時は処理速度が遅くなる場合あり）。
6. gpt-3.5-turbo
   - 高速 GTP-3.5 の現在の利用数が表示されます（図では Pro プランが表示されているため、高速 GPT-3.5 の上限はなし）。

Optional Usage-Based Pricing

「Optional Usage-Based Pricing」トグルを開き、その中の「Pricing details」トグルを開いた画面です。

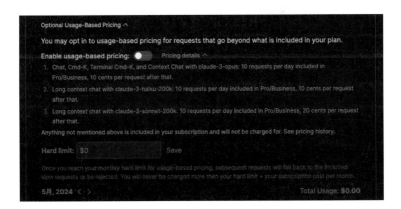

Optional Usage-Based Pricing は、サブスクリプションプランに含まれている範囲を超えるリクエストに対して、従量課金制を適用するオプションです。

このオプションを有効にすると、以下の 3 つの料金設定が適用されます。

1. Chat, Cmd-K, Terminal Cmd-K, Context Chat with claude-3-opus
   - Pro/Business プランでは 1 日あたり 10 リクエストまで無料で利用可能です。それを超えると、1 リクエストあたり 10 セントの追加料金が発生します。
2. Long context chat with claude-3-haiku-200k
   - Pro/Business プランでは 1 日あたり 10 リクエストまで無料で利用可能です。それを超えると、1 リクエストあたり 10 セントの追加料金が発生します。
3. Long context chat with claude-3-sonnet-200k
   - Pro/Business プランでは 1 日あたり 10 リクエストまで無料で利用可能です。それを超えると、1 リクエストあたり 20 セントの追加料金が発生します。

　上記以外のリクエストについては、サブスクリプションプランに含まれており、追加料金は発生しません。

　Hard limit では、Usage-Based Pricing の月間利用上限額を設定できます。設定した上限額に達すると、それ以上の追加料金が発生するリクエストは利用できなくなります。

Upgrade to Business

　「Upgrade to Business」リンクをクリックした場合の Business プランへのアップグレード手順を説明します。

Membership ページへ遷移

ブラウザで Membership ページに移動すると、Business 枠の下に「Get started →」ボタンが表示されます。このボタンをクリックしてください。

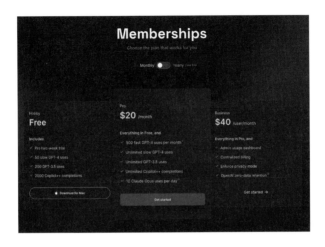

チームの作成

現在のアカウントと「Create Team」ボタンが表示されます。別のアカウントを管理者にしたい場合は、「Login to different account」ボタンからログインし直すことができます。

チーム名、支払方法の設定

チーム名を指定し、「Checkout」ボタンをクリックします。年払いにする場合は、「Yearly Billing」をオンにしてください。

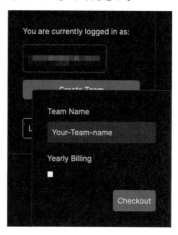

ダッシュボードの確認

Business プランのチームが作成されると、ダッシュボード画面が表示されます。「Members」セクションには、最初は自分のアカウントが「You」と表示されています。また、強化されたデータプライバシーが適用されていることがわかります。

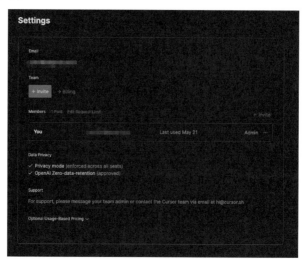

Data Privacy
✓ Privacy mode (enforced across all seats)
　Business プランでは、強化されたデータプライバシーがデフォルトで適用されます。これにより、Cursor のすべてのメンバーに対して一貫したプライバシー保護が実現されます。

✓ OpenAI Zero-data-retention (approved)
　OpenAI の通常のポリシーでは、信頼性と安全性のために 30 日間データを保持しています。しかし、Business プランでは、OpenAI がビジネスユーザー向けに特別に承認した「Zero-data-retention」ポリシーが適用されます。つまり、OpenAI はビジネスユーザーのプロンプトデータを一切保持しないという、より強力なプライバシー保護が実現されています。

　このように、Business プランでは強化されたデータプライバシーと、OpenAI の厳格なゼロデータ保持ポリシーが適用されることで、ユーザーデータの最大限の保護が行われます。

メンバーの招待
　「+Invite」ボタンをクリックすると、招待するメンバーにリンクを手動で送るか、メールアドレスを指定してメールを送信することができます。

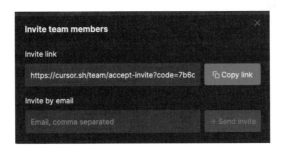

従量制課金の設定

「Optional Usage-Based Pricing」トグルを開くと、Proプランと同様の設定ができます。

メンバーの権限設定

ダッシュボードの「Members」セクションでは、メンバーの役割を「Admin」や「Member」から選択することができます。

高速 GPT-4 利用枠の設定

ダッシュボードの「Edit Request Limit」をクリックすると、チームの高速GPT-4利用枠を「+」ボタンで増やすことができます。

設定ページの確認

Cursorの「Setting」画面に戻ると、「General」セクションに「Invite to team」ボタンが追加されています。

▼ チームで共有できる「Docs」機能

Businessプランでチームを作成すると、チーム内で「Docs」を共有することができます。「Docs」を登録する際のダイアログで「SHARE WITH TEAM」セクションにOn/Offのトグルが表示されます。Onにすることで、その「Docs」がチーム内で共有されます。これにより、各ユーザーが個別に登録操作を行う必要がなくなるため、作業効率が向上します。

VS Code Import

VSCode ユーザ向けの機能です。VSCode で使用している拡張機能、設定、キーバインディングをワンクリックでインポートできます。「+ Import」ボタンをクリックすると、確認のダイアログが表示され「Confirm」ボタンをクリックすると、VSCode の環境を Cursor にインポートできます。

▼ Rules for AI

Cursor に搭載された AI に適用するルールを設定できます。

この設定の効果については、前章の「Rules For AI」をご覧ください。

Include .cursorrules file

オフにすると、.cursorrules ファイルに記述されたルールは適用されなくなります。この設定の効果については、前章の「.cursorrules」をご覧ください。

▼ Editor

エディタのフォント、自動保存、ワードラップなどの設定を変更できます。

▼ Configure keyboard shortcuts

⌘+Shift+P（macOS）または Ctrl+Shift+P（Windows）でコマンドパレットを開くと、ショートカットキーの設定画面が開きます。ここで、ショートカットキーの検索、変更、削除、削除、追加を行うことができます。

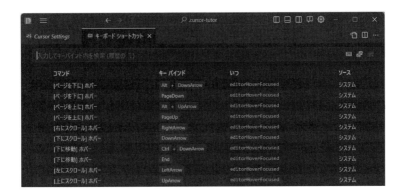

Cursor を使う上でぜひ覚えておきたいショートカットキーを紹介します。

1. ⌘+L（macOS）または Ctrl+L（Windows）
   - チャットペインの表示 / 非表示を切り替えます。
   - エディタで選択されたテキストがある場合、⌘+L（macOS）または Ctrl+L（Windows）を押すと、そのテキストがチャット内にペーストされた状態でチャットペインが表示されます。
2. ⌘+K（macOS）または Ctrl+K（Windows）
   - Command K のプロンプトバーを開きます。
   - Esc: Command K のプロンプトバーを閉じます。
3. ⌘+Enter（macOS）または Ctrl+Enter（Windows）
   - AI アシスタントによる変更コードの受け入れ（Accept）を行います。これにより、AI アシスタントが提案した変更がエディタに反映されます。
4. ⌘+Delete（macOS）または Ctrl+Delete（Windows）
   - AI アシスタントによる変更コードの拒否（Reject）を行います。これ

により、AI アシスタントが提案した変更を破棄できます。
5. ⌘+/（macOS）または Ctrl+/（Windows）
    - チャットペインや Command K ダイアログで、選択されているモデルが切り替わります。プロンプトごとに切り替えができます。
6. ⌘+.（macOS）または Ctrl+.（Windows）
    - チャットのチャットモードが切り替わります。新規チャットを開始した後に使用できますが、一度プロンプトを送信するとそのチャットでは切り替えができません。
7. ⌘+Option+L（macOS）または Ctrl+Alt+L（Windows）
    - チャット履歴のダイアログを呼び出します。過去のチャットの内容を確認したり、特定のチャットに移動することができます。

Cursor は VSCode をフォークしたアプリケーションのため、VSCode と共通のショートカットキーが多くあります。その中でも、Cursor ユーザーに特におすすめのショートカットキーを以下に紹介します。

1. ⌘+P（macOS）または Ctrl+P（Windows）
    - ファイル検索パレットを開きます。プロジェクト内のファイルをすばやく開くことができます。
2. ⌘+Shift+F（macOS）または Ctrl+Shift+F（Windows）
    - プロジェクト全体の検索パネルを開きます。コードや文章の全体検索に役立ちます。
3. ⌘+/（macOS）または Ctrl+/（Windows）
    - エディタで、選択中の行をコメントアウト / アンコメントします。コードの一部を一時的に無効化したい場合に便利です。
4. Option+↑ / ↓（macOS）または Alt+↑ / ↓（Windows）
    - 選択中の行を上下に移動します。コードの行を素早く並べ替えたい場合に役立ちます。
5. ⌘+D（macOS）または Ctrl+D（Windows）
    - 次の同じ単語を選択します。複数の同じ単語を同時に編集できます。変数名の一括変更などに活用できます。

6. ⌘+J（macOS）または `Ctrl+J`（Windows）
   - ターミナルパネルの表示 / 非表示を切り替えます。
7. ⌘+B（macOS）または `Ctrl+B`（Windows）
   - サイドバーの表示 / 非表示を切り替えます。
8. ⌘+Shift+P（macOS）または `Ctrl+Shift+P`（Windows）
   - エディタのコマンドパレットを開きます。エディタ内の各種機能を呼び出せます。

これらのショートカットキーは、VSCode と Cursor の両方で共通して使用できるため、覚えておくと非常に便利です。コーディングや文章編集の効率を大幅に向上させることができるでしょう。

▼ Privacy mode

Cursor の AI 支援機能は、ユーザーのローカル環境からソースコードの関連部分を自動抽出し、その断片をサーバーに送信してモデルに渡します。プライバシーモードが無効だと、このプロンプトがサーバーに保存され、AI モデルの性能向上に役立てられますが、機密情報が含まれるリスクがあります。

そのため、機密性の高いソースコードを扱う場合は、プライバシーモードを有効にすることを強くおすすめします。有効化すると、プロンプトのサーバー保存が行われなくなるため、Cursor の性能向上には寄与しませんが、ソースコードの機密性を守ることができます。

» 4.2　Models

Modelsセクションでは、利用可能なモデルを設定できます。

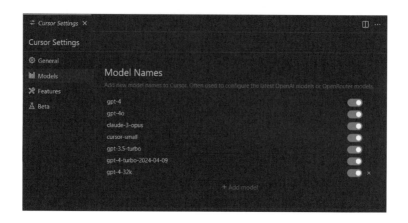

　上の画面は、CursorのPro/Businessプランを利用する場合の初期登録モデルを表示しています。gpt-4、claude-3-opus、cursor-small、gpt-3.5-turboなど、Pro/Businessプランで提供されるモデルが一覧表示されています。

　モデル名の右にあるトグルを切り替えることで、各モデルの有効・無効を切り替えられます。

　上の画面は、Cursor の Pro/Business プランに、OpenAI API Key、Anthropic API Key、Google API Key を追加で設定した場合のモデル画面です。API Key を登録することで、選択できるモデルの種類が大幅に増えています。

　たとえば、gpt-4-32k、gpt-4-0613-preview、claude-3-sonnet-20240229、claude-3-haiku-20240229、Gemini-1.5-flash などの追加モデルが表示されます。一方、Azure API Key は、同名の OpenAI API Key を置き換えるもので、設定しても表示されるモデル一覧には変化がありません。

　ただし、OpenAI API Key、Anthropic API Key、Google API Key を設定する場合には以下のような注意点があります。

1. カスタムモデル機能が使えない。
    - Apply ボタン、ビジョン機能（画像による指示）、/edit コマンド、Interpreter Mode、Copilot++ などは API Key のモデルでは利用できません。
2. トークン数の大量消費に注意。
    - 各 API キーの課金はトークン数を基準にした従量課金である場合が多く、やり取り回数の多いチャットや「Long Context Chat」チャットモー

ドでの codebase 参照の利用では一度の操作で大量のトークン数を消費することがあります。トークン数ベースのコストに十分注意してください。

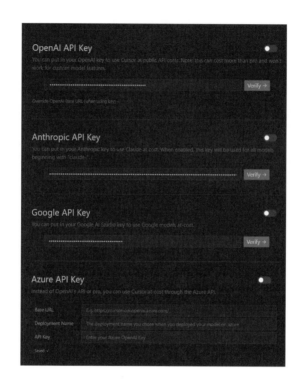

　Cursor の Models 設定画面では、Pro/Business プランの初期モデルに加えて、OpenAI、Anthropic、Google の各 API キーを設定することで、さらに多くのモデルを利用できます。ただし、API キーを使用する場合は、コストや機能の制限について注意が必要です。これらの点を理解した上で適切に設定を行うことで、Cursor でより多様なモデルを使い分けられるようになります。

» 4.3 Features

　Cursor AI の設定画面には、「Features」というセクションがあります。ここでは、Codebase indexing、Copilot++、Chat、Editor、Terminal など、Cursor の主要な機能の設定を行うことができます。

　各設定項目の右にあるトグルを切り替えることで、各項目の有効・無効を切り替えられます。

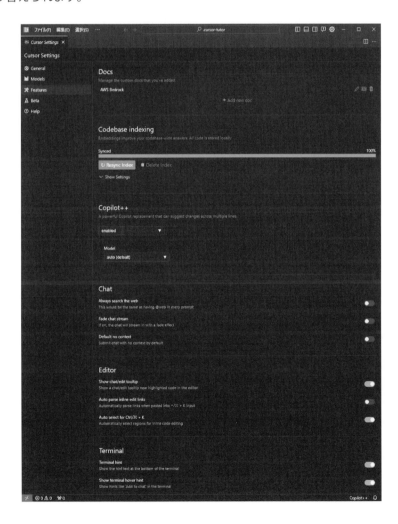

▼ Codebase indexing

　Codebase indexingは、コードベース全体の回答を改善するための機能です。すべてのコードはローカルに保存されます。「Synced」の項目では、インデックス作成の進捗状況が表示されます。「Resync Index」ボタンでインデックスを再同期し、「Delete Index」ボタンでインデックスを削除できます。

　「Show settings」トグルを開くと、さらに詳細な設定項目が表示されます。

　「Index new folders by default」は、新しいフォルダを開いた際に、デフォルトでインデックスを作成するかどうかを設定します。この設定が有効になっていると、Cursorは新しいフォルダを開いた際に自動的にインデックスを作成します。ただし、2,000ファイルを超えるフォルダは自動インデックス対象外となります。

　「Ignore files」では、インデックス作成の際に無視するファイルを設定できます。この設定項目は任意ですが、記載例のプレースホルダーのように、ディレクトリや拡張子などのフィルターを指定することで、インデックス作成の対

象外とするファイルを細かく制御できます。適切なフィルターを設定することで、不要なファイルを除外し、必要なファイルのみをインデックスに含めることができます。

　これにより、自動インデックス作成の対象となるファイルが絞り込まれ、より効率的なインデックス管理が可能になります。また、AI アシスタントに与える必要のない情報のインデックス化を避けることで、より正確な回答を得られる可能性が高くなります

▼ Copilot++

　Copilot++ は、複数行にわたる変更を提案できる強力な Copilot 機能です。「Model」のドロップダウンメニューから使用するモデルを選択できます。デフォルトは「auto(default)」になっています。

▼ Chat

　Chat セクションでは、チャット機能に関する設定を行います。

- 「Always search the web」は、「@Web」によるシンボル参照がない場合でも常に Web を検索するかどうかを設定します。オンにすると、Web の情報を必要としない場合でも検索が行われて、処理時間やネットワークのトラフィックが増えます。そのため、オフにした上で必要なときに「@Web」を指定することをおすすめします。
- 「Fade chat stream」は、フェードエフェクトを使用してチャットストリームを表示するかどうかを設定します。
- 「Default no context」は、デフォルトでコンテキストなしでチャットを送信するかどうかを設定します（コンテキストなしの設定の場合、エディタで開いているファイルの情報も参照されません）。

▼ Editor

　Editor セクションでは、エディタ機能に関する設定を行います。

- 「Show chat/edit toolbar」は、エディタでコードを選択したときに、チャッ

ト / インライン編集ダイアログを呼び出すツールチップを表示するかどうかを設定します。
- 「Auto parse inline edit links」は、Command K ダイアログに URL がペーストされたときに、自動的に @ が付加されたシンボル参照にするかどうかを設定します。
- 「Auto select for Ctrl/ ⌘ + K」は、Command K を起動したときに、カーソルの置かれている現在の作業領域を自動的に選択するかどうかを設定します。

▼ Terminal

Terminal セクションでは、ターミナル機能に関する設定を行います。

- 「Terminal hint」は、ターミナルの下部にヒントを表示するかどうかを設定します。
- 「Show terminal hover hint」は、ターミナル上にマウスを移動した際に、ヒントを表示するかどうかを設定します。

　以上が、Cursor AI の Features セクションの概要説明です。ここで各機能の設定を適切に行うことで、より効率的で快適な Cursor の使用が可能になります。特に Codebase indexing は、コードベース全体の回答精度を向上させるために重要な機能です。また、Copilot++ や Chat、Editor、Terminal の設定を適切に行うことで、各機能をニーズに合わせてカスタマイズできます。

» 4.4　Beta

　Cursor の Beta 機能は、実験的な段階にある先進的な機能群です。これらの機能は設定画面の Beta セクションに含まれており、ユーザーはそれぞれの機能を個別に有効化または無効化できます。

▼ CURSOR HELP

　Cursor のヘルプ機能の有効 / 無効を切り替えます（次項で説明します）。

▼ INTERPRETER MODE (BETA)

　INTERPRETER MODE を使用するかどうか設定します。INTERPRETER MODE を使うと、チャットを通じてエディタ内でコードを生成するだけでなく、実行することが可能になります。INTERPRETER MODE を使うときは、新しいチャットスレッドを作成して、チャットモードを INTERPRETER MODE を切り替える必要があります。

▼ LONG CONTEXT CHAT (BETA)

　大容量のコンテキストウィンドウを利用し、フォルダ全体をチャットに読み込めます。フォルダを @ マークで指定すると、容量の許す限りフォルダ内のファイルがチャットに読み込まれます。また、処理速度は遅いですが、より高性能な codebase 参照機能も提供されます。

▼ COPILOT++ IN PEEK

　PEEK ビュー内で COPILOT++ を使用するかどうかの切り替えを行えます。

▼ AI REVIEW (ALPHA)

　GPT-4 を使用して、git の差分からバグを検出する機能です。これにより、コードレビューの自動化が可能となり、開発の効率化と品質向上が期待できます。

▼ COPILOT++

　CURSOR PREDICTION は、Copilot++ の提案を受け入れた後に次に移動する行を予測する機能です。提案は行のハイライトで表示され、タブキーで受け入れることができます。これにより、複数行にまたがる提案を次々とタブで受け入れていくことが可能になります。

　これらの Beta 機能は、最先端の AI 技術を活用してユーザーの生産性向上を目指すものです。ただし、実験段階の機能であるため、使用する際には注意が必要です。将来的には、これらの機能が安定して提供され、多くのユーザーの開発効率向上に寄与することが期待されています。

» 4.5　Help

　Help セクションは、Cursor の機能やキーボードショートカット、その他の重要な情報を提供する役割を担っています。設定画面下部の「Ask a question about Cursor...」欄に質問を入力し、Submit ボタンを押すことで、Cursor からの回答を得ることができます。

　Help は現在ベータ版として提供されており、設定画面の Beta タブから有効化できます。ベータ版であるため、まだ開発途中の機能であることに注意が必要です。現時点では、日本語で質問をしても「申し訳ありませんが、Cursor は現在英語のみをサポートしています。日本語はまだサポートされていません。」という回答が返ってきます。質問する際は、英語で送信すると回答が得られるので、試してみてください。

　Cursor のベータ機能についても、まだ回答できないことが多いようです。より新しい機能をカバーし、日本語対応されると便利な機能になるよう、今後のアップデートに期待しましょう。

第5章
プロンプト・プログラミング実践例

　Cursorの使用方法や設定について解説してきました。この章では実際にプロンプトを使って、プログラミングを行う実践例を紹介します。

　最初は、ターミナルCommand Kを使用したコマンド生成の例題を紹介していきます。基本的なものから応用を含む例の順です。

　使用OSはmacOSです。Windowsでも同様の操作が可能ですが、コマンド体系が異なるため、生成されるコマンドは環境ごとに異なります。

　ターミナルCommand Kを使った後、エディタを使ったプログラミング例題に進みましょう。

» 5.1　システム情報を表示するコマンド

　ターミナルにシステム情報の詳細を表示する例です。各OSには専用のアプリケーションなどがあり、メモリ使用量、ディスク使用量、ネットワーク設定などを確認する手段が提供されています。しかし、アプリケーションが分かれていたり、操作手順が多かったりと、必ずしも便利とはいえないことがあります。

　ターミナルからであれば、コマンド一発で結果を確認することができ、時間や手間の削減になります。

　ターミナルにカーソルを置いてから、⌘+K（macOS）またはCtrl+K（Windows）のショートカットキーを押します。

プロンプト例

> 現在のメモリ使用率、ローカルドライブの使用率、IPアドレスを各ラベルを付けて表示するワンライナーを作成してください。

(ターミナルでは行ごとにコマンドが実行されるため、複数のコマンドを一気に実行するときはワンライナーという1行にまとまったコマンド体系にします。)

　モデルの選択は、ターミナルでの操作コマンドに新しい知識や複雑な推論は必要ないので、まずは、応答速度が速く、コストの低い「cursor-small」モデルを優先的に選択します。1回でうまくいけばよいのですが、この原稿を書いているときは、複数回実行してようやくうまくいく程度の安定度でした。本書では、そういうときの対応策を含めて、手順を追っていきます。

　プロンプトを入力したら、「quick question」ボタンを実行。そうすると、「cursor-small」モデルからの実行プランが提示されます。

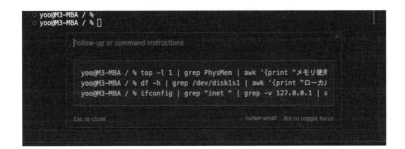

　この例では、コマンドが複数行に分割されています。シェルスクリプトでは複数行のコマンドを順次実行できますが、可読性や実行速度の観点から、できるだけ1行にまとめる（ワンライナー化する）ことが推奨されます。ワンライナー化することで、コマンドの実行が高速になり、可読性も向上します。

　AI アシスタントが最初のプロンプトで指示したワンライナー条件に従わなかったので、「Follow-up instructions」欄に再度「ワンライナーを作成してください。」と入力して「quick question」ボタンを実行します。

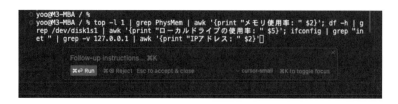

```
top -l 1 | grep PhysMem | awk '{print "メモリ使用率: " $3}'; df -h |
grep '/dev/disk1s1' | awk '{print "ローカルドライブの使用率: " $5}'; ifc
onfig | grep "inet " | grep -v 127.0.0.1 | awk '{print "IPアドレス:
" $2}'
```

　今度はコマンドが連結された 1 行のワンライナーになっていることを確認できたので、「Submit」ボタンを実行します。

5.1 システム情報を表示するコマンド

　生成されたコマンドがターミナルに転記されるので、「Run」ボタンを実行します。

```
yoo@M3-MBA / %
yoo@M3-MBA / % top -l 1 | grep PhysMem | awk '{print "メモリ使用率: " $2}'; df -h | grep /dev/disk1s1 | awk '{print "ローカルドライブの使用率: " $5}'; ifconfig | grep "inet " | grep -v 127.0.0.1 | awk '{print "IPアドレス: " $2}'
メモリ使用率: 15G
ローカルドライブの使用率: 2%
IPアドレス: 192.168.1.20
IPアドレス: 192.168.1.76
yoo@M3-MBA / %
```

　ターミナルに、メモリ使用率、ローカルドライブの使用率、IPアドレスが表示されました。

　選択するモデルをgpt-4ファミリーやclaude-3-opusのような高性能なものにすれば、1回で期待する結果の戻るコマンドが回答される確率が高まります。時間を優先する場合は、それらを選ぶのも1つの方法です。しかし、どのモデルを選択したとしても、常に思い通りの回答が得られるとは限らないので、このような対応手順を知っておくことは非常に重要です。

» 5.2　画像の一括でのサイズ変更と別フォルダへの保存

次に、プロンプトからの指示で複数の画像ファイルのサイズを一括で変更し、別フォルダに保存するコマンドを作成しましょう。

現在のフォルダに PNG 画像を配置し、画像保存先のフォルダ（ここでは「resized」）を用意します。その後、ターミナルにカーソルを置き、⌘+K（macOS）または Ctrl+K（Windows）のショートカットキーを押します。

プロンプト例

現在のフォルダ内にある、すべてのPNG画像を縦横半分のサイズに変更し、resizedフォルダに保存してください。

「cursor-small」モデルを選択し、「Submit」ボタンを実行します。

今回は以下のコマンドが生成され、ターミナルに転記されています。「Run」ボタンを実行します。

5.2　画像の一括でのサイズ変更と別フォルダへの保存

```
mogrify -resize 50% -format png -path resized *.png
```

　すべての画像がサイズ変更され、resized フォルダ内に保存されていることが確認できます。

　画像のプロパティの「大きさ」欄で、元の画像は 1024 × 1024、処理後のサイズは 512 × 512 と半分のサイズに変更されていることが確認できます。

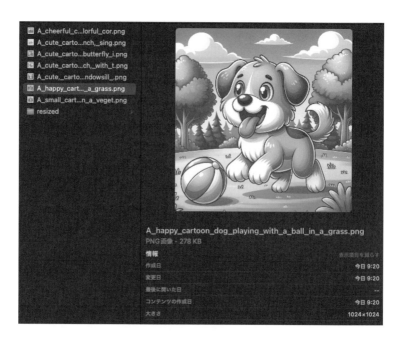

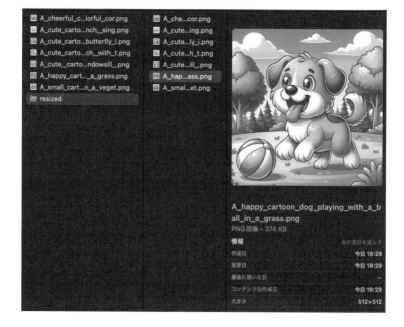

▼ 依存ライブラリのインストール

　このサンプルで生成されたコマンドに含まれる「mogrify」コマンドは「ImageMagick」という画像処理ライブラリのものです。このライブラリがインストールされていない状態で上記の手順を行うと、エラーが発生します。その際は、ターミナルのエラー上で表示される「Debug with AI」または「Add to Chat」ボタンを利用してください。

　「Debug with AI」機能は「Please help me debug this code. Only debug the latest error.」プロンプトが自動送信されたチャットで、ワンアクションで回答が得られますが、英語表示になります。日本語での回答を得たい場合は「Add to Chat」ボタンを実行し、エラーメッセージを引用した状態のチャットで「説明」と入力して送信すれば、インストール手順が案内されます。案内された手順に従ってインストールを行ってください。

　AI アシスタントからの回答は毎回同じものではなく、提示されるコマンドや必要なライブラリにも変動があります。そのため、本書では、必要なライブラリを事前にインストールするアプローチは取らず、エラーが発生したらその都度対応するという手順を想定して、この後の例題も説明していきます。

　なお、ターミナル上のエラーを解決する際、エディタ上のプログラムを参照する必要はありません。このような場合、チャットでのプロンプトの送信では「no context」ボタンを実行することで、エラー対応に不要なコード情報の送信を避けることができます。

» 5.3　画像の一括形式変換、ファイル名変更、保存

　PNG形式のファイルをまとめてJPG形式に変換し、別フォルダに保存する処理をプロンプトから実行してみましょう。ここでは、前の例で使ったサンプル画像を使用します。

　変換後の画像保存先のフォルダ（ここでは「converted」）を用意します。その後、ターミナルにカーソルを置き、⌘+K（macOS）またはCtrl+K（Windows）のショートカットキーを押します。次のプロンプトを入力、「cursor-small」モデルを選択、「Submit」ボタンを実行します。

> 現在のフォルダ内のすべてのPNGファイルをJPGに変換し、ファイル名を変更して、convertedフォルダに移動するワンライナーを作成してください。

　ターミナルに転記されたコマンドを確認し、「Run」ボタンを実行します。

```
for file in *.png; do convert "$file" "converted/${file%.png}_converted.jpg"; done
```

　すべてのPNG画像がJPG形式に変換され、ファイル名に「_converted」が追加された形で保存されています。

5.3　画像の一括形式変換、ファイル名変更、保存

▼ 依存ライブラリのインストール

　このサンプルで生成されたコマンドに含まれる「convert」コマンドは「ImageMagick」という画像処理ライブラリのものです。このライブラリがインストールされていない状態で上記の手順を行うと、エラーが発生します。その際は、ターミナルのエラー上で表示される「Debug with AI」または「Add to Chat」ボタンを利用し、案内された手順に従ってインストールを行ってください。

» 5.4　PDF ファイルの結合

　ファイル名では「○○○○_01」、「○○○○_02」、「○○○○_03」といった連番の付け方がよく用いられます。このような命名規則の PDF ファイルを結合して 1 つのファイルにまとめ、別ファイルとして保存するサンプルを示します。

　サンプルとして以下の 9 つのファイルを用意しました。number_01 〜 03 には数字が、alphabet_01 〜 03 にはアルファベットが、symbol_01 〜 03 には記号が書かれた PDF が、それぞれ 3 ページずつ含まれています。

- number_01.pdf
- number_02.pdf
- number_03.pdf
- alphabet_01.pdf
- alphabet_02.pdf
- alphabet_03.pdf
- symbol_01.pdf
- symbol_02.pdf
- symbol_03.pdf

　理想的にはファイル名の前方一致部分を変数化し、どのようなファイル名で

も結合できるようにしたかったのですが、限られた執筆時間内にプロンプトからワンライナーで実現することはできませんでした。

以下のプロンプトは、成功率が高く自然な日本語表現となっています。ルールに基づいた処理を行うことを伝え、具体的な結合ルールを例示することで、AIアシスタントに適切に指示を与えています。例示はプロンプトエンジニアリングにおいて最も有効なテクニックの1つです。

```
現在のフォルダ内にある、下記ルールでPDFファイルを結合し、指定された名前で保存
してください。
例：
alphabet_*.pdfを結合してalphabet_converted.pdfとして保存。
number_*.pdfを結合してnumber_converted.pdfとして保存。
symbol_*.pdfを結合してsymbol_converted.pdfとして保存。
```

この例では論理的な推論力が必要なため、「gpt-4」モデルを選択し、「Submit」ボタンを押して実行します。

```
% for pattern in alphabet number symbol; do \
for>   gs -q -dNOPAUSE -dBATCH -sDEVICE=pdfwrite -sOutputFile="${pattern}_converted.pdf" ${pattern}_*.pdf; \
for> done
```

生成されたコマンドがターミナルにコピーされます。「Run」ボタンを押して実行します。

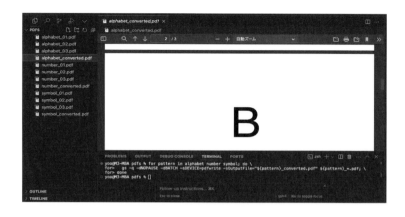

　指定したルール通りに各ファイル群が1つのPDFファイルに結合されました。

　生成されたコマンドをAIアシスタントに説明してもらうと、コマンドの意味がわかります。`for pattern in alphabet number symbol;`がファイル名の結合パターンを指定しています。たとえば、`for pattern in alphabet number symbol shape;`と書き加えれば、shape_*というPDFファイル群がある場合にも対応できます。

　ターミナルCommand Kを使えば、シェルスクリプトやPowerShellコマンドに詳しくなくても、その場でプロンプトから希望の処理内容を伝えて実行できるのが最大のメリットです。ただし、複雑な処理では、プロンプトのやり取りを何度も行ってようやく成功することもあるでしょう。繰り返し使う用途の場合は、完成したコマンドを再利用できるよう記録したり、シェルスクリプトにしておくとよいでしょう。

▼ 依存ライブラリのインストール

　このサンプルで生成されたコマンドに含まれる「gs」は「Ghostscript」ライブラリのコマンドです。このライブラリがインストールされていない状態で上記の手順を行うとエラーが発生します。その際は、ターミナルのエラー上に表示される「Debug with AI」または「Add to Chat」ボタンを利用し、案内された手順に従ってインストールを行ってください。

» 5.5 テキストファイルの結合

ローテーションされたログファイルをつなげたり、期間ごとに出力された売上データをつなげたり、複数のシステムからのデータをつなげたりと、テキストファイルを結合するニーズは普遍的です。

この例題では、以下の 3 つのテキストファイルを用意しました。

ファイル名	内容
a.txt	1111111111 が 10 行書かれたファイル
b.txt	2222222222 が 10 行書かれたファイル
c.txt	3333333333 が 10 行書かれたファイル

プロンプトは文字通りですが、以下のように指定しました。

ファイルa.txtとb.txtとc.txtをつなげてください。

AI にとっては簡単な処理なので、応答速度が速い「cursor-small」モデルを選択し、「Submit」ボタンを押して実行します。

生成されたコマンドがターミナルにコピーされます。「Run」ボタンを押して実行します。

```
cat a.txt b.txt c.txt > merged.txt
```

第 5 章　プロンプト・プログラミング実践例

3 つのファイルが問題なく結合され、新しいファイルが保存されました。

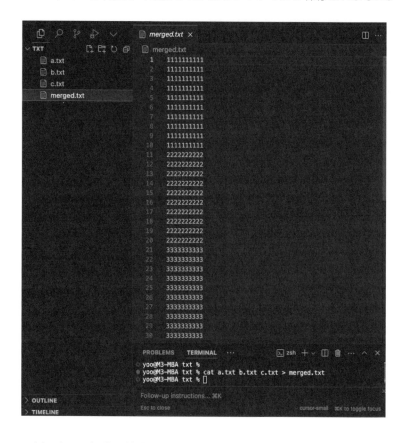

この例は各 OS 標準の機能で動作するので、他のライブラリをインストールする必要はありません。

5.6　ログファイルからエラー行を抽出して保存

アプリケーションのログファイルは、システムの動作状況を把握する上で欠かせない情報源です。しかし、ログファイルには膨大な情報が記録されているため、エラーや警告などの重要な情報を見つけ出すのは容易ではありません。

そこで、ログファイルからエラーに関連する行だけを抽出し、別のファイルに保存することで、問題の特定と原因究明を効率化できます。ここでは、そのための方法を説明します。

各行に、INFO：情報、DEBUG：デバッグ情報、WARN：警告、ERROR：エラーのログが記録された app.log ファイルを用意しました。

```
2023-05-26 10:00:00 INFO: Application started
2023-05-26 10:00:30 DEBUG: Loading configuration file
2023-05-26 10:00:31 INFO: Configuration loaded successfully
2023-05-26 10:01:00 DEBUG: Initializing database connection
2023-05-26 10:01:16 ERROR: NullPointerException at Main.java:51
2023-05-26 10:01:16 ERROR: at Main.processRequest(Main.java:51)
2023-05-26 10:01:16 ERROR: at Main.main(Main.java:25)
2023-05-26 10:01:17 INFO: User request processed
2023-05-26 10:01:45 DEBUG: Updating user session
2023-05-26 10:01:46 INFO: User session updated
2023-05-26 10:02:00 DEBUG: Retrieving data from cache
2023-05-26 10:02:01 INFO: Data retrieved from cache
2023-05-26 10:02:30 DEBUG: Database connection established
2023-05-26 10:02:31 DEBUG: Executing SQL query
2023-05-26 10:02:31 ERROR: SQLException: Table 'users' doesn't exist
```

```
2023-05-26 10:02:31 INFO: Database connection closed
2023-05-26 10:02:45 WARN: Low memory warning
2023-05-26 10:02:50 DEBUG: Garbage collector started
2023-05-26 10:02:55 INFO: Garbage collector finished
2023-05-26 10:03:00 INFO: Application stopped
2023-05-26 10:03:01 DEBUG: Saving application state
2023-05-26 10:03:02 INFO: Application state saved
2023-05-26 10:03:05 DEBUG: Shutting down database connection
2023-05-26 10:03:06 INFO: Database connection closed
```

プロンプトは以下のように指定しました。

AIにとっては簡単な処理なので、低コストで、応答速度が速く、低コストな「cursor-small」モデルを選択し、「Submit」ボタンを押して実行します。

app.logファイル内のERROR:を含む行を抽出してerrors.logファイルとして保存。

yoo@M3-MBA log % grep 'ERROR:' app.log > errors.log

このコマンドが転記された状態で「Run」ボタンを実行すると「zsh: command not found: yoo@M3-MBA」というエラーになってしまいました。

「Add to Chat」ボタンを実行、「説明」プロンプトで原因を調べると AI アシスタントから以下のような説明が表示されます。

> このエラーメッセージは、コマンドライン（ここではzsh）で無効なコマンドが入力されたことを示しています。具体的には、yoo@M3-MBA log % という部分がコマンドとして認識されてしまい、その結果「command not found」というエラーが発生しています。
> 正しいコマンドを実行するには、プロンプトの一部である yoo@M3-MBA log % を除いて、以下のように入力する必要があります：
>
> grep 'ERROR:' app.log > errors.log
>
> このコマンドは app.log ファイルから 'ERROR:' を含む行を検索し、その結果を errors.log にリダイレクトして保存します。

　AI アシスタントが余計な文字列をコマンドとして回答したためのエラーでした。こうした余計なデータが何かの拍子に回答に混入することがあります。この場合の対処法として、今回はチャット欄に答えがあるので「grep 'ERROR:' app.log > errors.log」コードブロック上のコピーボタンを実行して、ターミナルにペーストするのが一番早いでしょう。

　エラーの内容によっては、「Add to Chat」ボタンを実行するのではなく、ターミナル上のエラーをコピー、プロンプトバー内の「Follow-up instructions」欄にペーストして「Submit」ボタンを実行することで、エラー情報を伝えた上でコマンドを再考させることも有効です。

　今回はターミナルに「grep 'ERROR:' app.log > errors.log」をペーストして実行、目的を達することができました。

　この例は各 OS 標準の機能で動作するので、他のライブラリをインストールする必要はありません。

» 5.7 CSVファイルのデータ検証

CSVファイルは、簡単な取り扱いが可能なデータ形式として、アプリケーション間やシステム間でのデータ交換で広く利用されています。しかし、CSVファイルに含まれるデータの品質を確保するためには、適切なデータ検証が不可欠です。

実際に、CSVファイルを扱う際には、さまざまな問題が発生することがあります。たとえば、Excelで開いた際に、先頭の0が削除されてしまいデータの整合性が失われてしまうことがあります。また、CSVファイルを書き出すプログラム側の問題で、不適切なデータが含まれたファイルが送られてくることも珍しくありません。

このような問題を防ぐためには、他のシステムでCSVファイルを利用する前に、データ検証を行うことが不可欠です。データ検証を行うことで、データの整合性を確認し、不適切なデータを排除することができます。これにより、データの品質を確保し、後工程でのトラブルを未然に防ぐことができるのです。

本項では、CSVファイルのデータ検証の重要性と、その実施方法について解説します。データ検証の必要性を理解し、適切な方法で実施することで、CSVファイルを安心して利用できるようになります。

以下の「data.csv」のような検証用ファイルを用意しました。

```
ID,Age,Name,Date,Email,Phone
1,25,John,2023-05-26,john@example.com,1234567890
2,30,Alice,,alice@example.com,9876543210
3,,Bob,2023-05-28,bob@example.com,5555555555
4,1.5,Charlie,2023/05/29,charlie@example.com,0987654321
5,40,Eve,2023-05-30,,0123456789
```

以下のプロンプトを使用しました。このプロンプトはAIアシスタントにCSVファイルの書式、行いたい検証の内容を伝えて、プロンプトを作成してもらったものです。

<u>複雑な内容のプロンプトは自分で悩むより、AIアシスタントに個別の要件を段階的に伝えて、最後に「ここまでに伝えた内容でプロンプトを作成してください」とすると悩まずに済みます。</u>

5.7 CSVファイルのデータ検証

> 以下の要件を満たす「data.csv」ファイルの検証用のワンライナーを作成してください。
> 1. 最初の行（ヘッダー行）から期待される列数を取得します。
> 2. 必須列のインデックスは "1 3 5" とします（1-indexed）。
> 3. 各列の期待されるデータ型は以下の通りとします。
>   - 2列目：整数型
>   - 4列目：日付型（YYYY-MM-DD形式）
>   - 6列目：文字列型
> 4. 各行について、以下の検証を行います。
>   - 列数が期待される列数と一致しない場合、エラーメッセージを表示します。
>   - 必須列が空の場合、エラーメッセージを表示します。
>   - 整数型の列が整数でない場合、エラーメッセージを表示します。
>   - 日付型の列が指定された形式（YYYY-MM-DD）でない場合、エラーメッセージを表示します。
>   - 文字列型の列が先頭に0を含む場合、警告メッセージを表示します（Excelで先頭の0が削除されるトラブルを考慮）。
> 5. エラーメッセージと警告メッセージには、行番号、列番号、および問題のある値を含めます。

　検証内容が多岐にわたるので、高い論理的思考力をもつ「claude-3-opus」モデルを選択し、さらに実行前にプランを立ててもらうように「quick question」ボタンを実行。プランを確認した上で「Follow-up instructions」欄に「実行」と入力してEnterキーで実行します。

　このように、モデルに複雑なタスクを依頼する際は、実行前にプランを立ててもらうプロセスを踏むことで、モデルにタスクをよく考えてもらうことができます。また、必要に応じて、プランの修正や追加の指示を与えることもできます。このアプローチは、モデルの能力を最大限に引き出し、より良い結果を得るために有効です。

```
awk -F, '
  NR==1 {
    expected_cols = NF
  }
  {
    if (NF != expected_cols) {
      printf "エラー: 行 %d の列数が期待される列数 %d と一致しません\n",
NR, expected_cols
    }
    if ($1 == "" || $3 == "" || $5 == "") {
      printf "エラー: 行 %d の必須列 (1, 3, 5) が空です\n", NR
    }
    if ($2 !~ /^[0-9]+$/) {
      printf "エラー: 行 %d の2列目の値 \"%s\" が整数ではありません\n",
NR, $2
    }
    if ($4 !~ /^[0-9]{4}-[0-9]{2}-[0-9]{2}$/) {
      printf "エラー: 行 %d の4列目の値 \"%s\" が日付形式（YYYY-MM-DD）
ではありません\n", NR, $4
    }
    if ($6 ~ /^0/) {
      printf "警告: 行 %d の6列目の値 \"%s\" が先頭に0を含んでいます\n",
NR, $6
    }
  }
' data.csv
```

ターミナルに転記されたコマンドを「Run」ボタンで実行します。

その結果が以下のように戻ります。

```
エラー: 行 1 の2列目の値 "Age" が整数ではありません
エラー: 行 1 の4列目の値 "Date" が日付形式（YYYY-MM-DD）ではありません
エラー: 行 3 の4列目の値 "" が日付形式（YYYY-MM-DD）ではありません
エラー: 行 4 の2列目の値 "" が整数ではありません
エラー: 行 5 の2列目の値 "1.5" が整数ではありません
エラー: 行 5 の4列目の値 "2023/05/29" が日付形式（YYYY-MM-DD）ではありません
警告: 行 5 の6列目の値 "0987654321" が先頭に0を含んでいます
エラー: 行 6 の必須列 (1, 3, 5) が空です
警告: 行 6 の6列目の値 "0123456789" が先頭に0を含んでいます
```

「エラー：行 1 の2列目の値"Age"が整数ではありません」

「エラー：行 1 の4列目の値"Date"が日付形式（YYYY-MM-DD）ではありません」

の 2 行は、ヘッダー行に対しても整数型、日付型のチェックが行われているため、この CSV を利用するアプリケーション側で問題なければ気にする必要はありません。

　ヘッダー行に対するエラーを除き、その他のエラーは CSV データの検証で発見された問題です。これらのエラーについては、原因を調査し、適切な対応が必要となります（Excel で問題となる可能性のある先頭の 0 についての警告メッセージも表示されています）。

　大量の CSV データを他システムにインポートする際に、データの問題でエラーが発生した場合、原因箇所を特定するのは非常に手間のかかる作業となります。したがって、このような事前チェックを行うことで、データの問題を未然に防ぐことができ、システム管理者の負担を大幅に軽減できます。

　CSV データの品質を確保することは、データを利用するシステム全体の安定性と信頼性を維持する上で非常に重要です。事前のデータ検証を徹底することで、トラブルを未然に防ぎ、円滑なシステム運用を実現することができるでしょう。

▼ 依存ライブラリのインストール

　このコマンドは awk を使用しており、awk は macOS では標準でインストールされています。Windows では awk は標準でインストールされていないため、追加のインストールが必要です。インストールされていない状態で上記の手順を行うと、エラーが発生します。その際は、ターミナルのエラー上で表示される「Debug with AI」または「Add to Chat」ボタンを利用し、案内された手順に従ってインストールを行ってください。

» 5.8　大量ファイルの文字コード一括変換

　複数のファイルを扱う際に、文字コードの不一致によるトラブルに遭遇したことはないでしょうか。特に、異なるシステム間でファイルをやり取りする場合、文字コードの違いが問題となることがあります。

　このような状況では、大量のファイルを個別に変換するのは非常に手間がかかります。そこで、本項では、大量のファイルの文字コードを一括で変換する方法について説明します。これにより、文字コードの不一致によるトラブルを効率的に解決することができるでしょう。

　この例題では、文字コードが UTF-8 で、改行コードが LF で、400 字程度の日本語文章が書き込まれている、3 つのテキストファイルを用意しました。

- file_1.txt
- file_2.txt
- file_3.txt

　プロンプトは文字通りですが、以下のように指定しました。

> 現在のディレクトリ内のすべてのテキストファイルの文字コードをShift-JIS、改行コードをCR+LFに変換して「SJIS」フォルダに保存。

　「cursor-small」モデルで何度か試してうまくいかなかったため、「claude-3-opus」モデルを選択して「Submit」ボタンを押して実行します。

　ターミナルに転記されたコマンドを「Run」ボタンを押して実行します。

```
find . -type f -name "*.txt" -exec sh -c 'mkdir -p SJIS; nkf -s
-Lw "$1" > "/tmp/${1##*/}"; mv "/tmp/${1##*/}" "SJIS/${1##*/}"' _ {}
```

```
\;
```

エラーなく、「SJIS」フォルダに 3 つのファイルが保存されました。

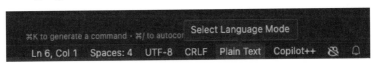

Cursor はウィンドウの右下に表示されているエンコーディングで、文字コード、改行コードを確認できます。

ただ、「SJIS」フォルダ内のファイルを選択するだけだとエンコーディング表示が UTF-8 のままで、エディタでは文字化けして表示されるので以下の操作を行います。

1. エンコーディング部分にカーソルを合わせると表示される「Select Language Mode」メニューを選択。

2. 「Reopen with Encodding」メニューを選択。

3. 「Japanese（Shift JIS）メニューを選択。

4. エンコーディング表示が「Shift JIS」の状態で文字化けがなくなり、改行コードも「CRLF」と表示されています。

```
Ln 7, Col 72   Spaces: 4   Shift JIS   CRLF   Plain Text   Copilot++
```

▼ 依存ライブラリのインストール

　このコマンドは nkf を使用しており、nkf がインストールされていない状態で上記の手順を行うと、エラーが発生します。その際は、ターミナルのエラー上で表示される「Debug with AI」または「Add to Chat」ボタンを利用し、案内された手順に従ってインストールを行ってください。

　macOS には、nkf と類似の機能を持つ iconv というライブラリが標準で付属しています。iconv は文字コードの変換機能を提供しますが、nkf とは異なり、文字コードの自動判別機能は持っていません。iconv を使うと、上記のコマンドは以下のように書き換えることができます

```
find . -type f -name "*.txt" -exec sh -c 'mkdir -p SJIS; iconv
-f UTF-8 -t SHIFT-JIS "$1" > "/tmp/${1##*/}"; mv "/tmp/${1##*/}"
"SJIS/${1##*/}"' _ {} \;
```

　この原稿を書いている際の動作検証でも、iconv を使ったコマンド案が提案されることがありました。しかし、そのコマンドを試したところ「`iconv: iconv(): Illegal byte sequence`」というエラーが発生しました。このエラーは、iconv が入力ファイルの中に、指定された文字エンコーディング（この場合は UTF-8）では無効なバイト列を見つけたことを示しています。

　このエラーに対処するため、いくつかの試行錯誤を行いました。まず、「Follow-up instructions」欄にエラーメッセージを貼って AI アシスタントに伝えて、再考を求めました。また、異なるモデルを試したり、プロンプトを微調整したりしました。そうした試行錯誤の結果、前述の nkf を使ったコマンド例が提示されました。

　コマンドとエラーメッセージだけで原因を特定できるとよいのですが、それに加えて、プロンプト・プログラミングでは、AI アシスタントに効果的に情報を与え、原因調査と対策を求めるスキルを磨くことが、短時間での問題解決の鍵となります。

» 5.9　生成されたコマンドのシェルスクリプト化

　ターミナル Command K を使用したコマンド生成例を紹介してきましたが、プロンプトから自然言語で処理内容を指示できることの利便性は大きい一方、毎日行うようなルーティンワークの場合、都度プロンプトを打ち込むことが手間に感じることもあるでしょう。また、プロンプトの回答は毎回同じ結果を得られるわけではなく、ある日はうまくいった手順が別の日にはうまくいかない場合もあります。

　プログラムは融通が利かない代わりに、決められた処理を確実に実行します。一度記述したプログラムは、毎回同じ処理を確実に実行し、ミスなく同じ結果を得ることができます。そのため、繰り返し使用する生成済みのコマンドは、シェルスクリプトにしておくことをおすすめします。

　ここでは、5.3 節の「画像の一括形式変換、ファイル名変更、保存」を題材に、コマンドをシェルスクリプトにする手順を紹介します。

　まず、Cursor で「画像の一括形式変換、ファイル名変更、別フォルダへの保存」プロジェクトのフォルダを開きます。ターミナル画面を開き、プロンプトバーを開いて、以下のプロンプトを入力し、「Submit」ボタンを実行します。

```
下記のコマンドをシェルスクリプトにしてください。
for file in *.png; do convert "$file" "converted/${file%.png}_converted.jpg"; done
```

　このプロンプトを、最初「cursor-small」モデルで試しましたが、シェルスクリプト作成のコマンドを生成できなかったため、「claude-3-opus」モデルに切り替えて実行しました。

　すると以下のようなコマンドが生成されて、ターミナルに転記されました。

```
echo 'for file in *.png; do convert "$file" "converted/${file%.pn
g}_converted.jpg"; done' > convert_images.sh && chmod +x convert_
images.sh
```

　コマンド内容を簡単に説明すると、この一連のコマンドは、「PNG画像をJPG形式に一括変換し、ファイル名を変更して別フォルダに保存する」コマンドを、シェルスクリプト「convert_images.sh」ファイルとして作成し、実行権限を付与しています。

　「Run」ボタンで実行します。

　「convert_images.sh」シェルスクリプトができています。
　念のため、シェルスクリプトの実行権限も確認してみましょう。
　プロンプトバーを開いて、以下のプロンプトを入力し、「quick question」ボタンを実行した結果が次のスクリーンショットです。実行権限が付与されていることがわかります。

```
convert_images.sh のパーミッションを教えて
```

5.9 生成されたコマンドのシェルスクリプト化

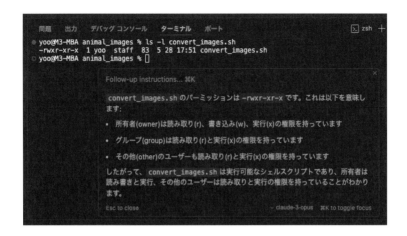

シェルスクリプトの実行方法も AI アシスタントに教えてもらいましょう。次のプロンプトを入力後、「Submit」ボタンを実行します。

```
「convert_images.sh」ファイルを実行してください。
```

以下のようなコマンドが生成されて、ターミナルに転記されました。

```
./convert_images.sh
```

本来、macOS のような UNIX 系 OS では、シェルスクリプトの冒頭行にどのシェルで実行するかを指定する「シバン」（shebang）を書くのが作法とされています（macOS の場合は「#!/bin/sh」）。AI アシスタントにはその点の考察が足りなかったといえますが、シバンの記載がない場合は、デフォルトのシェルで実行されるため、今回のシェルスクリプトの動作自体には問題ありません。

プログラミングでは、まず「動くこと」が第一です。最初は動作するプログラムを作り、その内容について理解を深めながら、不足している点に気づいたらアップデートしていくのがよいでしょう。

» 5.10　正規表現で日付の書式を統一

　エディタと AI ペインのチャットを使ったプログラミングを行います。その第一歩として、書式が不統一の CSV データの日付を統一する処理の例題を紹介します。

　データの再利用や分析を行う際、日付のフォーマットを統一することは非常に重要です。特に、データベースへのデータ登録や集計の際には、一貫した日付フォーマットを使用することが求められます。しかし、実際のデータソースでは、さまざまな書式の日付データが混在していることがよくあります。このような状況では、データの検索や集計が困難になり、効率的なデータ管理が妨げられてしまいます。

　そこで、この例題では、正規表現を使って、さまざまな書式の日付データを、ISO 8601 に準拠した「YYYY-MM-DD」形式に変換する方法を紹介します。ISO 8601 は、国際標準化機構（ISO）が定めた日付と時刻の表記方法で、世界中で広く使用されています。この標準フォーマットを採用することで、データの一貫性を保ち、効率的な管理が可能になります。

▼ 変換前 CSV データ

　以下のような書式がバラバラの日付が書かれた CSV ファイル（「hiduke.csv」）を例に使います。CSV ファイルのデータ項目は、1 項目目が日付、2 項目目が時刻、3 項目目が ID 番号となっています。実際の CSV データは、各データが「"」で囲まれ、カンマ区切りになっていますが、ここでは見やすいように表形式で掲載します。

日付	時刻	ID
2024/06/04	09:30:00	ABC123
2024/6/4	12:15:30	DEF456
4-6-2024	15:45:00	GHI789
4.6.2024	18:20:15	JKL012
June 4, 2024	21:00:00	MNO345
2024 年 6 月 4 日	08:10:45	PQR678

5.10 正規表現で日付の書式を統一

日付	時刻	ID
2024年06月04日	11:25:30	STU901
昭和60年12月1日	18:20:00	PPP098
平成28年11月1日	09:30:00	QRS123
令和6年6月4日	14:40:15	VWX234
令和06年06月04日	17:55:00	YZA567

　日付のフォーマットが不統一で、区切り記号、年月日の並び方、0埋めの有無、さらには和暦のデータまで混在しています。このままでは集計やデータベースへの登録に支障があります。

　そこで、これらの日付データをYYYY-MM-DD形式に変換するプログラムを作成しましょう。

▼ 変換の手順

1. 新規にフォルダを作成します。フォルダ名は任意ですが、ここでは「hiduke」としました。
2. 本書サンプルの「hiduke.csv」ファイルをこのフォルダに保存します。
3. Cursorで「hiduke」フォルダを開きます。
4. 「hiduke.csv」ファイルをエディタで開きます。
5. サイドバーのエクスプローラーから新規ファイルを作成します。ここでは「hiduke.py」としました。

6. ⌘+L（macOS）または Ctrl+L（Windows）のショートカットキーでAIペインを開きます。
7. プロンプト入力欄に以下のプロンプトを入力します。

> CSVファイルの1項目目が日付です。書式が統一されていないので、YYYY-MM-DD形式で統一してください。和暦の場合は西暦への変換もしてください。

8. ［@Mention］-［Files］から「hiduke.csv」ファイルを選択します。
9. モデルは「gpt-4」系統のいずれか、または「claude-3-opus」を選択します。

10. 以下のコードが提案されたので「Apply」ボタンをクリックして、エディタの「hiduke.py」ファイルに反映、「Accept」します。

```python
import pandas as pd
from datetime import datetime
import re

# 和暦を西暦に変換する関数
def convert_japanese_era_to_gregorian(date_str):
    era_dict = {
        '令和': 2018,
        '平成': 1988,
        '昭和': 1925,
        '大正': 1911,
        '明治': 1867
    }
    match = re.match(r'([^\d]+)(\d+)年(\d+)月(\d+)日', date_str)
    if match:
        era, year, month, day = match.groups()
        year = int(year) + era_dict[era]
        return f'{year:04d}-{int(month):02d}-{int(day):02d}'
    return date_str

# 日付を統一フォーマットに変換する関数
def convert_to_standard_date_format(date_str):
    try:
        # 和暦の変換
        if re.search(r'[^\x00-\x7F]', date_str):
            date_str = convert_japanese_era_to_gregorian(date_str)

        # 日付のパースとフォーマット
        date_formats = [
            '%Y/%m/%d', '%Y-%m-%d', '%Y.%m.%d', '%B %d, %Y', '%Y年%m月%d日'
        ]
        for fmt in date_formats:
            try:
                return datetime.strptime(date_str, fmt).strftime('%Y-%m-%d')
            except ValueError:
                continue
        raise ValueError(f'Unknown date format: {date_str}')
    except Exception as e:
        print(f'Error converting date: {e}')
        return date_str
```

```
# CSVファイルの読み込み
df = pd.read_csv('hiduke.csv', header=None, names=['date', 'time',
'code'])

# 日付のフォーマットを統一
df['date'] = df['date'].apply(convert_to_standard_date_format)

# 結果の保存
df.to_csv('hiduke_converted.csv', index=False, header=False)
```

11. エディタの右上にある▷ボタンはCursorの「実行とデバッグ」機能の一部です。このボタンをクリックすると、現在アクティブなPythonファイルを直接実行することができます。実行してみましょう。

12. 変換処理が実行されて「hiduke_converted.csv」ファイルが作成されました。ところが、一部の日付データが変換されず、ターミナル画面にエラーが表示されています。

```
Error converting date: Unknown date format: 4-6-2024
Error converting date: Unknown date format: 4.6.2024
```

13. エラーを見ると、「4-6-2024」、「4.6.2024」の日付変換で失敗したようです。ターミナル画面でエラー行を選択して、表示される「Add to Chat」ボタンを実行して、「この日付の書式にも対応してください。」とプロンプトを入力して、「chat」ボタンを実行します。

14. 変更されたコードが提案されたので、コードブロック上にある「Apply」ボタンをクリック、「Apply to entire file」メニューを実行します。

15. エディタの「hiduke.py」ファイルに以下のようなコードが反映されました。

```
import pandas as pd
from datetime import datetime
import re
```

```python
# 和暦を西暦に変換する関数
def convert_japanese_era_to_gregorian(date_str):
    era_dict = {
        '令和': 2018,
        '平成': 1988,
        '昭和': 1925,
        '大正': 1911,
        '明治': 1867
    }
    match = re.match(r'([^\d]+)(\d+)年(\d+)月(\d+)日', date_str)
    if match:
        era, year, month, day = match.groups()
        year = int(year) + era_dict[era]
        return f'{year:04d}-{int(month):02d}-{int(day):02d}'
    return date_str

# 日付を統一フォーマットに変換する関数
def convert_to_standard_date_format(date_str):
    try:
        # 和暦の変換
        if re.search(r'[^\x00-\x7F]', date_str):
            date_str = convert_japanese_era_to_gregorian(date_str)

        # 日付のパースとフォーマット
        date_formats = [
            '%Y/%m/%d', '%Y-%m-%d', '%Y.%m.%d', '%B %d, %Y', '%Y年%m月%d日',
            '%d-%m-%Y', '%d.%m.%Y'
        ]
        for fmt in date_formats:
            try:
                return datetime.strptime(date_str, fmt).strftime('%Y-%m-%d')
            except ValueError:
                continue
        raise ValueError(f'Unknown date format: {date_str}')
    except Exception as e:
        print(f'Error converting date: {e}')
        return date_str

# CSVファイルの読み込み
df = pd.read_csv('hiduke.csv', header=None, names=['date', 'time',
```

```
'code'])

# 日付のフォーマットを統一
df['date'] = df['date'].apply(convert_to_standard_date_format)

# 結果の保存
df.to_csv('hiduke_converted.csv', index=False, header=False)
```

16. エディタ上の▷ボタンをクリックすると、今度はエラーなく処理が完了して、「hiduke_converted.csv」ファイル内の日付はすべて変換が成功しています。

　正規表現は強力な機能ですが、複雑な表現を作成するには熟練が必要で、エラーも発生しやすいものでした。AIアシスタントを活用することで、人間はこうした煩雑な作業から開放され、より生産性の高い業務に集中できるようになるでしょう。

　「hiduke.py」が空の状態では、今回のようにAIペインから手順を開始することも、⌘+KまたはCtrl+Kショートカットキーからプロンプトバーを呼び出して手順を開始することもできます。

　AIペインから開始すると、今回のように意図通りにならなかったときに、プロンプトとその回答がどのような変遷をたどってきたのかが追いやすいというメリットがあります。また、筆者の感覚的なものですが、コードが空の状態では同じプロンプトでもCHATペインからの回答の方が良いことが多いよう

にも感じます。

　読者の皆さまも、ご自身での操作を通して、経験に基づいて、より良いと思われる手順を選択して効率を上げていただきたいと思います。

▼ 依存ライブラリのインストール

　今回生成されたコードでは、「pandas」という外部ライブラリが使われています。インストールされていない状態で上記の手順を行うと、エラーが発生します。その際は、ターミナルのエラー上で表示される「Debug with AI」または「Add to Chat」ボタンを利用し、案内された手順に従ってインストールを行ってください。

» 5.11　CLI 三目並べ Python プログラムを Golang に変換

　第 2 章のハンズオンで作成した CLI 三目並べ Python プログラムを他の言語、ここでは Golang（Go 言語）に変換する例を説明します。

　まずは、そのための環境の準備を行いましょう。

▼ Go のインストール

　Go を使用するには、まず Go の開発環境をセットアップする必要があります。以下では、macOS と Windows それぞれの環境でのインストール方法を説明します。

macOS

1. ターミナルを開きます。
2. Homebrew を使用して、以下のコマンドで Go をインストールします。

```
brew install go
```

3. インストールが完了したら、以下のコマンドで Go のバージョンを確認します。

```
go version
```

Windows

1. Golang 公式サイト（`https://go.dev/`）にアクセスします。
2. 「Download」ボタンをクリックします。
3. Windows セクションから、適切なインストーラー（32 ビットまたは 64 ビット）をダウンロードします。
4. ダウンロードしたインストーラーを実行し、指示に従ってインストールを完了します。
5. 環境変数を設定します。
   - ［コントロールパネル］-［システムとセキュリティ］→［システム］-［システムの詳細設定］-［環境変数］と進みます。
   - ［ユーザー環境変数］の下にある［Path］を選択し、［編集］をクリックします。
   - ［新規］をクリックし、Go のインストールディレクトリ（通常は［C:\Go\bin］）を追加します。
   - ［OK］をクリックして変更を保存します。
6. コマンドプロンプトを開きます。
7. 以下のコマンドを実行して、Go のバージョンを確認します。

```
go version
```

これで、Go の開発環境がセットアップされました。

次は、実際に Python で書かれた CLI 三目並べプログラムを Go に変換していきましょう。

▼ コード変換の手順

1. 新規にフォルダを作成します。フォルダ名は任意ですが、ここでは「py2otherlang」としました。
2. 第 2 章で作成した「main.py」ファイルをこのフォルダに保存します。
3. Cursor で「py2otherlang」フォルダを開きます。
4. 「main.py」ファイルをエディタで開きます。
5. ⌘+L（macOS）または `Ctrl+L`（Windows）のショートカットキーで AI ペインを開きます。

6. チャットモードのプルダウンから［Interpreter Mode］を選択します。
   - Go のファイル拡張子や開発手順などを知らない場合でも、コード変換が可能であることを示すために、今回はファイルの作成や実行まで行える［Interpreter Mode］モードを選択しています。
7. プロンプト欄に「この三目並べゲームのPythonコードをGolangコードに変換してください。」と入力します。
8. ［@Mention］-［Files］から「main.py」ファイルを選択します。
   - エディタで「main.py」ファイルが最前面になっているため、この操作は必須ではありません。
   - 筆者はエディタでのファイル選択状態によって影響を受けないよう、必要なシンボル参照は明示的に指定することを習慣としています。
   - チャット履歴では参照した時点の表示が残されるため、さかのぼって参照データを確認したい場合にも便利です。
9. モデルは原稿執筆中に［Interpreter Mode］モードに対応した「gpt-4o」を試してみます。
10. プロンプト入力欄の下の「auto-excute」ボタンをクリックします。

処理が開始されると、［Interpreter Mode］モードの自律的な動作により、AI ペインの進行状況が逐次アップデートされながら、以下のような処理が行われます。

1. 「main.go」ファイルが作成されます。

2. 「main.py」ファイル内の Python コードが Go に変換されます。
3. 変換された Go コードが「main.go」ファイルに保存されます。
4. 「The Golang code for the TicTacToe game has been successfully added to main.go. Would you like to run the Golang code to test it?」（「TicTacToe ゲームの Golang コードが main.go に正常に追加されました。Golang コードを実行してテストしますか？」）というメッセージが表示された状態で止まりました。

5. プロンプト入力欄に「Yes, run and test it.」と入力して、「auto-excute」ボタンをクリックします（AI アシスタントに引きずられて英語の指示になりましたが、日本語の指示で問題ありません）。

再び、[Interpreter Mode] モードの自律的な処理が始まり、「go run」コマンドで「main.go」ファイルを実行します。

［Interpreter Mode］モードでは人の手によるインタラクティブな操作を再現できないため、それを置き換えるテストコードが挿入されました。テストに成功し、「The Golang version of the TicTacToe game ran successfully and declared "X" as the winner.」（「Golang版のTicTacToeゲームが正常に動作し、"X"が勝者として宣言されました」）というメッセージが表示されました。

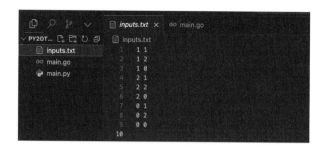

テスト時に使用したゲームの入力シナリオがテキストファイルとして保存されていました。

次に、人間の手でもテストを行うため、「main.goをビルドして、バイナリを生成してください。」というプロンプトで、コンパイルされた実行ファイルを作成してもらいます。

　ここでは「tictactoe」という実行ファイルができました。
　プロンプトバーを開き、「"tictactoe"ファイルを実行してください。」というプロンプトを入力して「Submit」ボタンを実行します。

　./tictactoe というコマンドがターミナルに転記されるので、「Run」ボタンで実行します。

```
問題    出力    デバッグコンソール    ターミナル    ポート    JUPYTER
● yoo@M3-MBA py2otherlang % ./tictactoe
##############################
# 三目並べへようこそ！        #
# 'X' と '0' でプレイします。 #
# ゲームのルール：            #
# 3x3のグリッドに 'X' または '0' を配置します。#
# 同じ記号が縦、横、または斜めに3つ並ぶと勝ちです。#
# ゲームを開始するには何かキーを押してください。#
##############################
X | X | 0

X | X | 0

0 | 0 | X
おめでとうございます！ Xの勝ちです！
yoo@M3-MBA py2otherlang %
```

　起動した時点で「X の勝ちです！」と、すでに勝負の決着がついた画面になっています。
　これは、[Interpreter Mode] モードがテスト実施のために挿入したコードを、ビルド前に削除し忘れたことによる現象と推測できます。そこで、「テストコードを除去して、画面で遊べるようにしてください。」というプロンプトで修正を依頼し、コードを修正します。

第 5 章　プロンプト・プログラミング実践例

　［Interpreter Mode］モードがテストコードを除去して、「The code has been reverted to its original interactive state. Now, you can play the game directly from the terminal.」（「コードは元のインタラクティブな状態に戻りました。これで、ターミナルから直接ゲームをプレイすることができます。」）というメッセージが表示されましたので、再度、「main.goをビルドして、バイナリを生成してください。」というプロンプトで実行ファイルを作成します。

172

5.11 CLI 三目並べ Python プログラムを Golang に変換

ビルドが終了したら、ターミナルで↑キーを押してコマンド履歴から `./tictactoe` コマンドを呼び出し、Enter キーで実行します。

今度は、問題なく Go 版三目並べゲームを遊ぶことができました。

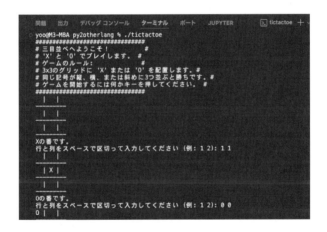

生成 AI は、実行のたびに回答が異なるため、皆さまの手元で同じ手順を行うと、異なるコードや異なる実行ファイル名になるかもしれません。また、[Interpreter Mode] モードが異なる場面で操作を求めるメッセージを表示するかもしれません。しかし、Cursor を使えば、言語間の変換を簡単に行えること、特に [Interpreter Mode] モードを使うと Cursor が必要なファイル操作まで行うことがおわかりいただけたかと思います。

[Interpreter Mode] モードでは、「Rules for AI」設定で「always output your answers in Japanese」と日本語回答の指定になっていても、自律的な

動作状態では英語でのメッセージ表示になりがちです。しかし、「進行状況やメッセージは日本語で表示してください。」とプロンプトに付け加えることで、この問題を改善することができます。

補足説明をすると、Goの大きなメリットの1つは、ビルドした実行プログラムが単一のバイナリファイルとなり、他の環境でも容易に実行できる点です。異なるOS用のプログラムも、クロスコンパイルオプションを指定することで簡単に作成できます。

たとえば、Pythonプログラムの場合、実行する環境にPythonがインストールされていなければなりませんし、依存ライブラリがある場合はそれらも含めて環境を整備する必要があります。しかし、Goでビルドされた実行ファイルは、そのような手間が不要です。単一のバイナリファイルを持っていくだけで実行できるため、環境構築が簡単です。また、コンパイルされた実行ファイルなので、動作が非常に高速です。

5.12 PyGame オセロゲーム

この節ではPyGameを使ったオセロゲームを題材として取り上げます。
PyGameは、Pythonでゲームを開発するためのライブラリであり、グラフィックスの描画や入力デバイスの処理、サウンドの再生など、ゲーム開発に必要な機能を提供しています。

プロンプトからの指示だけで、ビジュアルな画面を持ったプログラムを作ることのできる例として紹介します。

▼ PyGame のインストール

Cursorでターミナル画面を開き、以下のコマンドを実行します。

```
pip install pygame
```

インストールプロセスが終了して、「Successfully installed pygame-x.x.x」（末尾はバージョン番号）といったメッセージが表示されていれば、PyGameのインストールは完了です。

`pip show pygame` というコマンドでインストールされていることを確認

することもできます(インストールされていればバージョン番号が返ります)。

▼ プログラム作成

1. 新規にフォルダを作成します。フォルダ名は任意ですが、ここでは「py3Othello」としました。
2. Cursorで「py3Othello」フォルダを開きます。
3. サイドバーのエクスプローラーから新規ファイルを作成します。ここでは「py3Othello.py」としました。
4. ⌘+L(macOS)またはCtrl+L(Windows)のショートカットキーでCHATペインを開きます。
5. チャットモードは初期値の[Normal Chat]のままとします。
6. モデルは「claude-3-opus」を選択します。
7. プロンプトを以下のように入力します。

オセロゲームをPyGameで作ってください。

8. プロンプト入力欄の下の「chat」ボタンをクリックします。

> オセロゲームをPyGameで作ってください。
> claude-3-opus @ Mention   ↩ chat   ⌘↩ with codebase

はい、PyGameを使ってオセロゲームを作成しましょう。以下にPyGameでオセロゲームを実装したサンプルコードを示します。

とAIアシスタントから回答があり、PyGameを使ったオセロゲームのコードが生成されていきます。

コードの生成とその説明が表示されたので、コードブロック上の「Apply」ボタンをクリック、コードブロック上(またはエディタ上部)の「Accept」ボタンをクリックして、「py3Othello.py」ファイルに反映しました。

第 5 章　プロンプト・プログラミング実践例

> ゲームの終了条件（盤面が埋まった、どちらかのプレイヤーの石がなくなった）や、勝敗の判定は実装されていませんが、基本的なオセロゲームの機能は備えています。
> 必要に応じて、追加の機能やUIの改善を行ってください。

　AI アシスタントからの説明に上記のような断りがありますが、まずは基本的な動作に問題はないか、遊んでみましょう。

　ターミナル画面を開き、プロンプトバーで「オセロを実行してください。」と指示をして「Submit」ボタンを実行します。

　`python3 py30thello.py` コマンドがターミナルに転記されるので「Run」ボタンを実行します。

5.12 PyGame オセロゲーム

オセロのゲーム画面が表示されました。

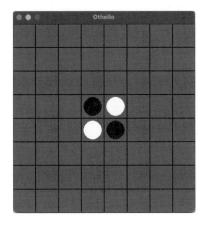

勝負がつくまで問題なく動作しました。

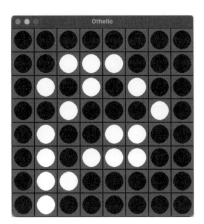

大きな問題はありませんでしたが、決着後も勝者の表示がなく、ゲーム中も次の打ち手がどちらなのか、わからなくなることがありました。そのため、次の改善プロンプトの指示を出しました。

> 次の駒の打ち手をゲーム画面に見やすく表示してください。
> 勝者をゲーム画面に見やすく表示してください。
> 勝負がついた後、「終了」ボタンを押すまでゲーム画面は消さないように。
> 出力するコードは修正部だけにしてください。

回答されたコードブロック上の「Apply」ボタンを実行して、コードの変更を「Accept」して、変更を保存します。

ターミナル画面で↑キーでコマンド履歴から python3 py3Othello.py コマンドを呼び出し、Enter キーでオセロゲームを起動します。

5.12 PyGame オセロゲーム

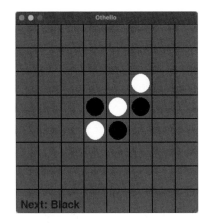

次の打ち手が表示されるようになりました。

勝敗が決着すると、勝者が表示されるようになり、「Quit」ボタンで終了するようになりました。

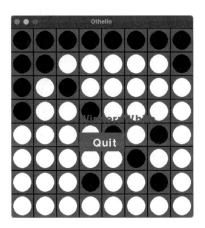

以上、PyGame を使ったオセロゲームの作成例を紹介しました。プロンプトからの指示だけで、ビジュアルな画面を持ったプログラムを作成することができました。AI アシスタントとの対話を通じて、ゲームの機能を段階的に改善していくことも可能です。PyGame は、Python でゲームを開発するための強力なツールであり、ゲーム開発の入門として最適です。

ただし、今回のようにわずかなプロンプトでオセロゲームを作成できたのは、

オセロのルールがよく知られているためです。AI アシスタントがオセロのルールを理解しているからこそ、短いプロンプトから必要な情報を推測し、ゲームを実装することができました。

一方、独自のルールや画面構成を持つゲームを作成する場合は、AI アシスタントにゲームの詳細を十分に伝える必要があります。ゲームのルール、画面レイアウト、操作方法など、必要な情報を AI アシスタントに提供しなければ、イメージ通りのゲームを作成することは難しいでしょう。そのため、独自のゲームを開発する場合、プロンプトの作成にもある程度の時間と労力が必要になると考えておきましょう。

» 5.13　Web スクレイピング

Web スクレイピングとは、Web ページから情報を抽出し、収集する技術です。Python は、Web スクレイピングに適したプログラミング言語の 1 つであり、豊富なライブラリとシンプルな文法により、効率的にスクレイピングを行うことができます。

この例題では、Cursor と Python を使った Web スクレイピングの基本的な手順を解説します。実際の Web サイトを例に、リクエストの送信、HTML の解析、必要なデータの抽出までの流れを、実践的に学んでいきましょう。

Web スクレイピングは、データ収集や分析、自動化などのさまざまな用途に応用できる技術です。しかし、スクレイピングを行う際には、以下の点に注意が必要です。

1. Web サイトの利用規約を確認すること
   - 多くの Web サイトでは、利用規約にスクレイピングに関する規定があります。これらの規定に違反すると、法的問題に発展する可能性があります。
2. 著作権や法的な制限に注意すること
   - スクレイピングによって取得したデータの使用には、著作権法や関連する法規制が適用される場合があります。データの使用目的や方法が適切であるか、確認が必要です。

3. 倫理的にスクレイピングを行うこと
   - Web サイトの運営者の意図を尊重し、サイトの価値を損なわないようにスクレイピングを行うことが重要です。
4. Web サイトに過度な負荷をかけないこと
   - スクレイピングによって Web サイトに大量のリクエストを送信すると、サーバーに過剰な負荷がかかり、サイトの運営に支障をきたす可能性があります。リクエストの間隔を適切に設定し、Web サイトに過度な負荷をかけないよう注意が必要です。

それでは、Cursor を使った Web スクレイピングの世界を探求していきましょう。

▼ 抽出する情報項目の確認

今回は、政府統計の総合窓口（e-Stat、https://www.e-stat.go.jp/whats-new）で公開されている情報のうち、統計データの新着情報ページで公開されている情報に対して抽出するプログラムを書いてみましょう。

対象の項目は以下の 3 つとします。

- 公開（更新）日
- 組織
- 内容

対象項目がページ内の HTML のどういった構造の指定がされているのかを確認するため、ページをソース表示して「公開（更新）日」でソース内を検索します。

HTML 内では、以下の CSS クラス名が指定された位置にそれぞれの項目が存在することがわかります。

```
<span class="stat-newinfo-day">公開（更新）日</span>
<span class="stat-newinfo-kikan">組織</span>
<span class="stat-newinfo-comment">内容</span>
```

▼ プログラム作成手順

1. 新規にフォルダを作成します。フォルダ名は任意ですが、ここでは「scraping」としました。
2. Cursor で「scraping」フォルダを開きます。
3. サイドバーのエクスプローラーから新規ファイルを作成します。ここでは「scrape_e_stat.py」としました。
4. ⌘+L（macOS）または `Ctrl+L`（Windows）のショートカットキーで CHAT ペインを開きます。
5. チャットモードは初期値の［Normal Chat］のままとします。
6. モデルは「gpt-4o」を選択します。
7. 抽出する項目の CSS クラス名を参考情報として与えて、プロンプトを以下のように入力します。

```
次のウェブサイトからスクレイピングをするコードを書いてください。
URL: https://www.e-stat.go.jp/whats-new
```

5.13 Web スクレイピング

以下の3つの要素を抽出してください：
公開（更新）日
組織
内容
HTML構造は以下のようになっています：
`<span class="stat-newinfo-day">公開（更新）日</span>`
`<span class="stat-newinfo-kikan">組織</span>`
`<span class="stat-newinfo-comment">内容</span>`

8. プロンプト入力欄の下の「chat」ボタンをクリックします。

9. 提案されたコードブロック上の「Apply」ボタンを実行、「Accept」ボタンでエディタに反映します。

10. ターミナル画面を開き、プロンプトバーで「スクレイピングを実行してください。」と指示をして「Submit」ボタンを実行。

11. `python scrape_e_stat.py` コマンドがターミナルに転記されるので「Run」ボタンを実行。

12. ターミナル画面にHTMLコードを除去して、整形された「公開（更新）日」、「組織」、「内容」のリストが表示されます。

13. リストを整形して、CSV ファイルとして保存するように改善しましょう。エディタのコードから「# 結果の表示」コメントが付いたブロックをコピーして、プロンプト入力欄にペーストします。

```
# 結果の表示
for date, organization, content in zip(dates, organizations, contents):
    print(f'公開（更新）日: {date.text.strip()}')
    print(f'組織: {organization.text.strip()}')
    print(f'内容: {content.text.strip()}')
    print('---')
```

14. 次のプロンプトを入力して「chat」ボタンをクリックします。

```
下記の書式のCSVファイルにしてください。
公開（更新）日,組織,内容
出力するコードは修正部だけにしてください。
```

15. 提案されたコードブロック上の「Apply」ボタンを実行、「Accept」ボタンでエディタに反映します。

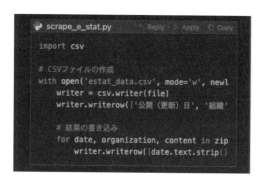

16. ターミナル画面で↑キーでコマンド履歴から python scrape_e_stat.py コマンドを呼び出し、Enter キーでスクレイピングを実行します。「estat_data.csv」ファイルが作成され、CSV データが保存されます。

17. CSV データの先頭で、ラベル（項目名）行が 2 回繰り返しているので、修正しましょう。「estat_data.csv」ファイルの先頭から 2 行をコピーして、プロンプト入力欄にペーストします。次のプロンプトを入力して「chat」ボタンをクリックします。

> ラベル行が2回出力されています。修正してください。
> 出力するコードは修正部だけにしてください。

18. 提案されたコードブロック上の「Apply」ボタンを実行、「Accept」ボタンでエディタに反映します。

19. ターミナル画面で↑キーでコマンド履歴から `python scrape_e_stat.py` コマンドを呼び出し、Enter キーでスクレイピングを実行します。

20. 指定した条件のスクレイピングが実行され、きれいに整形された CSV ファイルが保存されました。

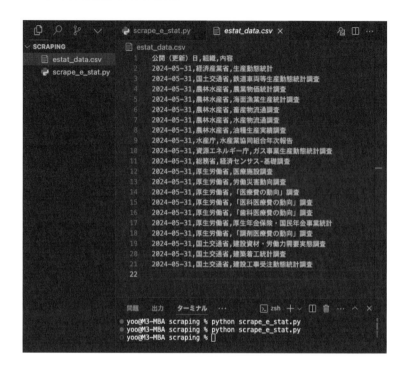

　スクレイピングの例題でも、自分でコードを書くことなく、プロンプトだけで目的を達成することができました。これは、Python の豊富なライブラリ、特に「requests」と「BeautifulSoup」のおかげでもあります。これらのライブラリを活用することで、わずか 30 行足らずのコードでスクレイピングを実現できました。

　AI アシスタントは、正規表現を使ったゴリ押しではなく、適切なライブラリを選択して合理的な解決策を提示しました。ライブラリを使用することで、コードがシンプルで理解しやすくなり、保守性も向上します。

　このように、AI アシスタントは開発者の生産性を向上させ、より高度な問題解決に取り組むことを可能にします。AI アシスタントとの協力により、効率的で保守性の高いコードを書くことができるでしょう。

▼ 依存ライブラリのインストール

このサンプルで生成されたコードには「requests」と「BeautifulSoup」というライブラリが必要です。これらのライブラリがインストールされていない状態では、エディタにコードを反映した時点で Lint エラーが表示されます。Lint エラーが表示された場合は、「@Lint errors」プロンプトでインストール手順を確認してください。Lint エラーのままでコマンドを実行すると、ターミナルでエラーが発生します。その際は、ターミナルのエラー上に表示される「Debug with AI」または「Add to Chat」ボタンを利用し、案内された手順に従ってインストールを行ってください。

» 5.14　SQL データベースの操作と集計

データベースは、情報を整理して保管し、必要なときに素早く取り出したり、まとめたりするための強力なツールです。特に、リレーショナルデータベースとそれを操作するための SQL（Structured Query Language）は、現代のデータ管理に欠かせない技術です。

SQL データベースの操作と集計は、データ分析や業務の自動化など、さまざまな場面で役立ちます。適切に設計され、管理されたデータベースを使えば、大量のデータを効率よく扱うことができます。

この節では、Cursor を使って SQL データベースの操作と集計の基本的な手順を実践的に学びます。以下の流れで進めていきます。

1. 環境の準備
   - SQLite インストール確認、SQLite3 Editor 拡張機能のインストールを行います。
2. サンプルデータベースの準備
   - データベースを作成し、定義情報からテーブルを作ります。
3. サンプルデータの作成・登録
   - サンプルデータをデータベースに登録する方法を学びます。
4. データの集計

- 登録したデータを使って、集計のためのクエリー（問い合わせ）を作成し、実際に集計を行います。

Cursor を使った SQL データベースの操作と集計の世界を探検していきましょう。

▼ 環境の準備

この節では、SQL データベースの操作と集計を行うための環境を準備します。ここでは、SQLite というデータベースを使用します。SQLite は、ファイルベースの軽量なデータベースであり、初心者にも扱いやすいという特徴があります。

1. 新規にフォルダを作成します。フォルダ名は任意ですが、ここでは「sql_practice」としました。
2. 本書サンプルの「create_tables.sql」ファイルを「sql_practice」フォルダ内に保存します。
3. Cursor で「sql_practice」フォルダを開きます。
4. 「create_tables.sql」ファイルを開きます。

5.14 SQLデータベースの操作と集計

本書でSQLデータベースの操作を行うためのテーブル定義ファイル「create_tables.sql」を用意しました。

定義内容は以下のようになっています。

```sql
-- 顧客テーブル
CREATE TABLE Customers (
    CustomerID INTEGER PRIMARY KEY,
    FirstName VARCHAR(255),
    LastName VARCHAR(255),
    Email VARCHAR(255)
);

-- 製品テーブル
CREATE TABLE Products (
    ProductID INTEGER PRIMARY KEY,
    ProductName VARCHAR(255),
    UnitPrice NUMERIC,
    UnitsInStock INTEGER
);

-- 注文テーブル
CREATE TABLE Orders (
    OrderID INTEGER PRIMARY KEY,
    CustomerID INTEGER,
    OrderDate DATE,
    TotalAmount NUMERIC,
    FOREIGN KEY (CustomerID) REFERENCES Customers(CustomerID)
);

-- 注文詳細テーブル
CREATE TABLE OrderDetails (
    OrderDetailID INTEGER PRIMARY KEY,
    OrderID INTEGER,
    ProductID INTEGER,
    Quantity INTEGER,
    UnitPrice NUMERIC,
    FOREIGN KEY (OrderID) REFERENCES Orders(OrderID),
    FOREIGN KEY (ProductID) REFERENCES Products(ProductID)
);
```

このテーブル定義は、生成AIに指示して作成したものです。本書のデータ操作を一通り行ったら、皆さんもぜひご自身でテーブル定義プロンプトに挑戦

してみてください。

▼ SQLite のインストール確認

　本書では、前の章で Python のインストールが完了していることを前提としています。SQLite は Python に同梱されているため、Python のインストールが正しく行われていれば、SQLite も自動的にインストールされます。したがって、本書では SQLite がインストール済みであることを前提として進めていきます。

　以下の手順で、SQLite がインストールされていることを確認します。

macOS

　ターミナルを開いて、以下のコマンドを入力することで、SQLite のバージョンを確認できます。

```
sqlite3 --version
```

SQLite がインストールされている場合、バージョン情報が表示されます。

Windows

　コマンドプロンプトを開いて、以下のコマンドを入力することで、SQLite のバージョンを確認できます。

```
sqlite3 --version
```

SQLite がインストールされている場合、バージョン情報が表示されます。

　以上で、SQLite のインストールが確認できました。次に、SQLite3 Editor 拡張機能のインストール手順を進めましょう。

▼ SQLite3 Editor 拡張機能のインストール

SQLite のデータベースファイルを視覚的に操作するために、VSCode 拡張機能「SQLite3 Editor」をインストールします。

1. Cursor の左側のサイドバーから、拡張機能アイコン（四角に切れ込みが入ったようなアイコン）をクリックします。
2. 検索バーに「SQLite3 Editor」と入力し、検索結果から「SQLite3 Editor」をクリックします。
3. 「インストール」ボタンをクリックして、拡張機能をインストールします。

以上で、SQL データベースの操作と集計を行うための環境の準備が完了しました。次に、実際のデータベースを作成し、データの登録と集計を行っていきましょう。

▼ データベースとテーブルの作成

1. サイドバーのエクスプローラーから新規ファイルを作成します。ここでは「sql_practice.sqlite」とします。

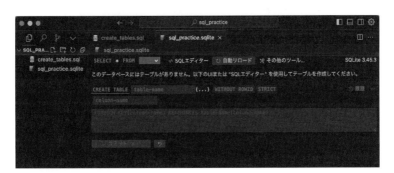

（拡張子が「.sqlite」のファイルは、自動的に SQLite データベースと認識されます）

2. ⌘+L（macOS）または Ctrl+L（Windows）のショートカットキーで CHAT ペインを開きます。

3. チャットモードのプルダウンから［Interpreter Mode］を選択します。
4. チャットのプロンプト入力欄に次のプロンプトを入力します。

> 「sql_practice.sqlite」データベースにこの定義内容でテーブルを作成してください。

5. ［@Mention］-［Files］から「create_tables.sql」ファイルを選択します。
6. モデルは「gpt-4o」を選択します。

7. 「auto-excute」ボタンをクリックします。
8. ［Interpreter Mode］の自律的な動作により、「sql_practice.sqlite」データベースに「create_tables.sql」定義内容に沿ったテーブルが作成されます。
9. 処理完了後に、Cursor の左側サイドバーから「sql_practice.sqlite」を選択して、`SELECT * FROM` の右にあるプルダウンをクリックすると、テーブルが作成されていることがわかります。

5.14 SQLデータベースの操作と集計

これで、データ操作を行うためのデータベース、テーブルの作成は完了しました。

テーブル定義の操作は通常、専用のコンソール・アプリケーションやコマンドラインを使って行いますが、これらのツールやコマンドの使い方を覚えるのは慣れない人にとって容易ではありません。今回のように、自然言語のプロンプトで簡単にテーブル定義が行えることは驚くべきことです。

▼ サンプルデータの作成・登録

従来であれば、作成済みのサンプルデータを用意するところですが、今回はサンプルデータもAIアシスタントに作ってもらいましょう。

売上データから一定の条件に合うものを抽出して、集計を行うことを考えているので、その目的に合うようなデータの条件を指示します。

1. テーブル定義で使用した［Interpreter Mode］のチャットを使います。
2. チャットのプロンプト入力欄に次のプロンプトを入力します。

> テーブル定義情報に沿った、売上集計を行うためのサンプルデータを作成してください。
>   - 顧客名、商品名は日本語。
>   - 顧客、商品のデータ件数は100件程度。

> - 注文は2023年〜2024年の間で1000件程度。
> - 注文の合計金額は500円〜10000円の間になるように、ランダムに。
> - 注文明細は注文ごとに1〜3件程度。
> データを作成したら、「sql_practice.sqlite」データベースに登録してください。

3. [@Mention] - [Files] から「create_tables.sql」ファイルを選択します。
4. モデルは「gpt-4o」を選択します。

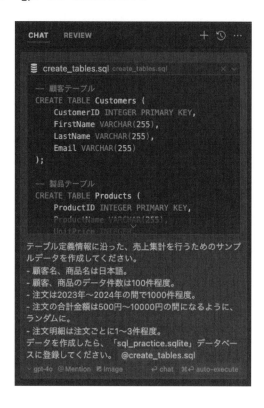

5. 「auto-excute」ボタンをクリックします。
6. [Interpreter Mode] の自律的な動作により、サンプルデータが生成されるだけでなく、そのままデータベースの登録まで一気に行われます。
7. 処理完了後に、Cursor の左側サイドバーから「sql_practice.sqlite」を選択して、`SELECT * FROM` の右にあるプルダウンを切り替えると、各テーブルにサンプルデータが登録されていることがわかります。

- 顧客（Customers）テーブル

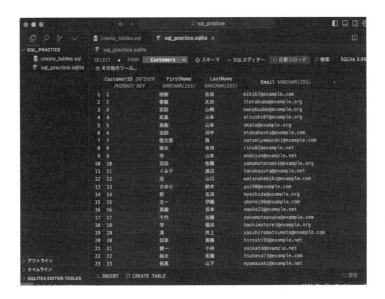

- 製品（Products）テーブル

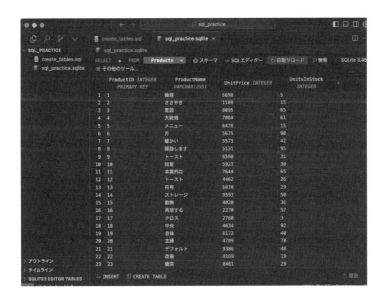

- 注文（Orders）テーブル

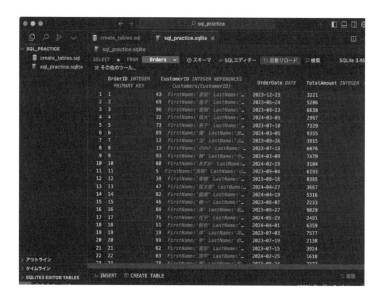

- 注文明細（OrderDetails）テーブル

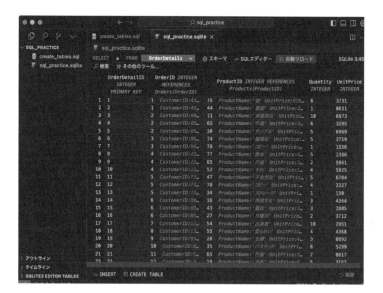

5.14 SQL データベースの操作と集計

　これで、売上集計を行うためのサンプルデータの作成と登録が完了しました。
　この手順だけをみると、簡単な作業のように思われるかもしれませんが、以前はテスト用のサンプルデータを作る作業はとても大変な作業でした。
　複雑なデータベースになると、さまざまな制約（データ型、空欄不可、固有の値、他のテーブルに存在しない値は不許可など）が効いているため、何度もプログラムの修正とデータ投入を手動で繰り返すことも珍しくありませんでした。

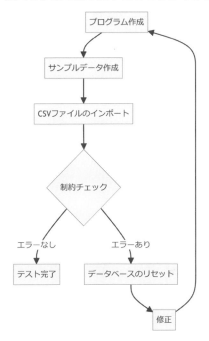

　生成 AI の登場により、サンプルデータの作成は非常に楽になりましたが、生成ごとに結果が異なる性質上、手動での操作ではインポート時点でエラーが判明することは避けられません。その場合は、サンプルデータ作成の段階に戻って、作業のやり直しが必要です。
　一方、今回の方法では、Cursor の Interpreter Mode の自律的な動作に任せることで、途中でインストールが必要なライブラリがあれば自動的にインストールし、エラーが発生した場合はエラーを回避する方法でリトライしてくれます。ChatGPT の ADA では、生成できるデータ容量に上限がありますが、ローカルで動作する Cursor の Interpreter Mode ではそうした制約を受けません

（ドライブの空き容量、OS、データベース、モデルの最大トークン数などによる制約は受けます）。パフォーマンス検証のために大量のデータが必要な場合にも対応できます。

実に有能で頼もしいアシスタントです。

また、プロンプトでは、あえて現場のユーザが日常使うだろう日本語でテーブル名を表現している点に注目してください。SQLに限らず、プログラミング言語は何かを指定する際、1文字でも異なればエラーになるものですが、日常で使う呼び名のプロンプトで指示しても、AIアシスタントは指示の意図を理解し、正しいテーブル名に対してサンプルを生成し、データの登録まで行います。

▼ データの集計

データベース、サンプルデータの用意ができたので、集計を行ってみましょう。

「2023年の注文のうち、合計金額が1000円を超える注文を検索し、顧客名、注文ID、注文日、合計注文金額、注文した製品名を表示したい」というケースを考えてみます。

この場合、必要な情報の項目が、顧客（Customers）テーブル、製品（Products）テーブル、注文（Orders）テーブル、注文明細（OrderDetails）テーブルに分散しているので、SQLクエリーでは結合を使って、情報を引っ張ってくることになります。複数のテーブルに跨ったクエリーに慣れていないと、結合の条件や必要な情報の取得方法を考えるのは少し大変です。

こういう場合も、AIアシスタントを活用しましょう。

1. `⌘+L`（macOS）または`Ctrl+L`（Windows）のショートカットキーでAIペインを開きます。
2. 「＋」（New Chat）ボタンをクリックして、新規チャットにします。
3. チャットモードは初期値の［Normal Chat］のまま。
4. チャットのプロンプト入力欄に次のプロンプトを入力します。

> 2023年の注文のうち、合計金額が1000円を超える注文を検索し、顧客名、注文ID、注文日、合計注文金額、注文した製品名を表示するクエリーを教えてください。

5.14 SQLデータベースの操作と集計

5. [@Mention] - [Files] から「create_tables.sql」ファイルを選択します。
6. モデルは「gpt-4」系統か「claude-3-opus」を選択します。

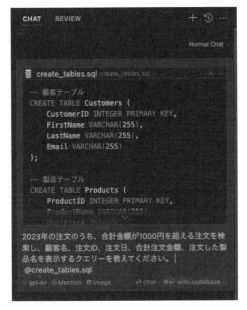

7. 「chat」ボタンをクリックします。
8. 提案されたSQLクエリーです。

```
SELECT
    c.FirstName || ' ' || c.LastName AS CustomerName,
    o.OrderID,
    o.OrderDate,
    o.TotalAmount,
    p.ProductName
FROM
    Orders o
JOIN
    Customers c ON o.CustomerID = c.CustomerID
JOIN
    OrderDetails od ON o.OrderID = od.OrderID
JOIN
    Products p ON od.ProductID = p.ProductID
WHERE
    o.OrderDate BETWEEN '2023-01-01' AND '2023-12-31'
    AND o.TotalAmount > 1000;
```

9. SELECT直後に項目名のリストがありますが、姓（`c.LastName`）、名（`c.FirstName`）の順序が日本の習慣とは逆になっているようですので、「顧客名は姓名の順で。」プロンプトで直してもらいます。その結果が以下のSQLクエリーです。

```sql
SELECT
    c.LastName || ' ' || c.FirstName AS CustomerName,
    o.OrderID,
    o.OrderDate,
    o.TotalAmount,
    p.ProductName
FROM
    Orders o
JOIN
    Customers c ON o.CustomerID = c.CustomerID
JOIN
    OrderDetails od ON o.OrderID = od.OrderID
JOIN
    Products p ON od.ProductID = p.ProductID
WHERE
    o.OrderDate BETWEEN '2023-01-01' AND '2023-12-31'
    AND o.TotalAmount > 1000;
```

10. クエリーが表示されたコードブロック上のコピーボタンをクリックします。
11. エディタの「sql_practice.sqlite」タブを選択して、ヘッダー部にある「</>SQL エディタ」ボタンをクリックします。
12. 表示されたタブ内の「▷ Select (Shift + Enter)」ボタンの下にあるSELECT クエリーを先ほどコピーしたクエリーで上書きペーストします。

13.「▷ Select (Shift + Enter)」ボタンをクリックします。
14. クエリーの結果が「sql_practice.sqlite」タブ内に表示されます。

　この表示結果は SQLite3 Editor 拡張機能の機能を使って、各種のファイル形式にエクスポートすることもできます。

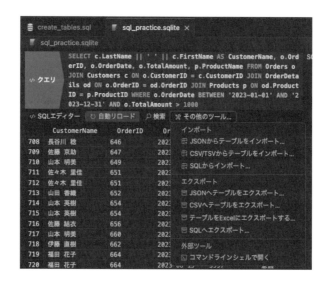

これで、「2023 年の注文のうち、合計金額が 1000 円を超える注文を検索し、顧客名、注文 ID、注文日、合計注文金額、注文した製品名を表示したい」という目的を達成することができました。

同じ処理を繰り返したい場合は、SQL クエリーを .sql 拡張子のファイル（例：「Query.sql」）として保存しておき、再利用できます。再度実行したい場合は、ファイルを開いて、上部に表示されるプラグの形の「Connect」ボタンをクリックするとデータベースに接続してクエリーを実行できる状態になります。「▷ Select (Shift + Enter)」ボタンをクリックで、同じリストを表示できます。

```sql
-- database: /Users/yoo/development/sql_practice/sql_practice.s


-- ファイル全体を実行するにはウィンドウ右上の▷を押してください。

SELECT
    c.LastName || ' ' || c.FirstName AS CustomerName,
    o.OrderID,
    o.OrderDate,
    o.TotalAmount,
    p.ProductName
FROM
    Orders o
JOIN
    Customers c ON o.CustomerID = c.CustomerID
JOIN
    OrderDetails od ON o.OrderID = od.OrderID
JOIN
    Products p ON od.ProductID = p.ProductID
WHERE
    o.OrderDate BETWEEN '2023-01-01' AND '2023-12-31'
    AND o.TotalAmount > 1000;
```

さらなる自動化を図りたい場合は、クエリーの実行から所定の形式でのファイル書き出しをプロンプトに指示して、一気通貫で実行するプログラムにすることももちろん可能です。他にも、SQL クエリーやデータベース構造の改善案やさまざまな活用方法があります。

データベースと生成 AI は非常に相性が良く、その組み合わせはデータ活用に大きな可能性をもたらします。ぜひ両者を効果的に連携させ、データを有効活用していきましょう。

» 5.15　iOS アプリ開発（Swift）

　これまでに学んだ Cursor でのプログラミング知識を活かして、実際に役立つ iOS アプリ開発に挑戦してみましょう。

　今回のプロジェクトとして選んだのは、海外旅行で重宝する「チップ計算機」アプリです。チップの習慣が根付いていない日本人にとって、レストランやタクシー、ホテルなどでのチップ計算は悩みどころ。そんな場面で使えるアプリを題材にして、iOS アプリ開発に入門してみましょう。

▼ 開発環境のセットアップ

　ネイティブな iOS アプリの開発には、Apple 社の Xcode という IDE（統合開発環境）を使用します。残念ながら、Xcode は macOS 上でしか動作しないため、Windows ユーザーの方にはご利用いただけません。ただし、プロンプトによる開発手順という点では参考になりますので、環境が整わない方もぜひご一読いただきたいと思います。

　本書では、Xcode 15.4 を使用して説明を進めていきます。

　iOS アプリ開発を始めるための環境構築手順は以下の通りです。

1. Xcode のインストール
   1-1. App Store を開き、検索バーに「Xcode」と入力します。
   1-2. Xcode アプリを見つけたら、「入手」ボタンをクリックしてインストールを開始します。

1-3. ダウンロードとインストールが完了したら、Xcode を起動してください。

2. 新規プロジェクトの作成

2-1. Xcode を起動し、「Create New Project...」（新規プロジェクトの作成）を選択します。

2-2. プロジェクトテンプレートの選択画面で、「iOS」を選択し、「App」テンプレートを選び、「Next」ボタンをクリックします。

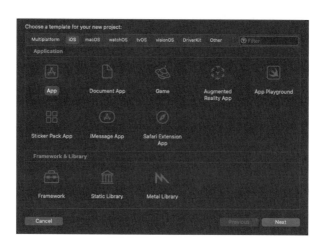

2-3. 次の画面で、インターフェースに「SwiftUI」を選択します。
2-4. プロジェクト設定画面で必要情報を入力します。

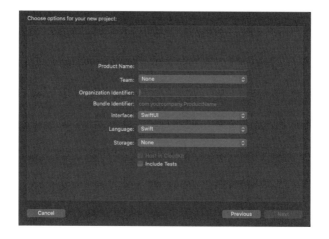

- Product Name（プロジェクト名）：アプリの名前を入力します。この名前は、アプリのホーム画面やApp Storeに表示されます。
- Team（チーム）：開発チームを選択します。個人で開発する場合は

「None」を選択します。

- Organization Identifier（組織識別子）：組織を一意に識別するための文字列です。通常、ドメインの逆の形式（reverse domain name notation）で表記します。例：「com.yourcompany」や「com.yourname」など。
- Bundle Identifier（バンドル識別子）：アプリを一意に識別するための文字列です。Organization Identifier とプロジェクト名を組み合わせて自動生成されます。例：「com.yourcompany.ProductName」。
- Interface（インターフェース）：アプリの開発に使用するフレームワークを選択します。ここでは「SwiftUI」が選択されています。
- Language（言語）：アプリの開発に使用するプログラミング言語を選択します。SwiftUI を選択した場合、デフォルトで「Swift」が選択されます。
- Storage（ストレージ）：アプリのデータ管理方法を選択します。ここでは「None」が選択されています。
- Host in CloudKit / Include Tests：アドバンスドオプションです。CloudKit を使用してアプリのデータをクラウドに保存するか、ユニットテストを含めるかを選択できます。初心者の方は、これらのオプションをオフのままで進めてください。

2-5.「Next」ボタンをクリックして、プロジェクトの保存場所を選択し、「Create」ボタンをクリックします。

2-6. SwiftによるiOSアプリプロジェクトの初期画面が表示されます。

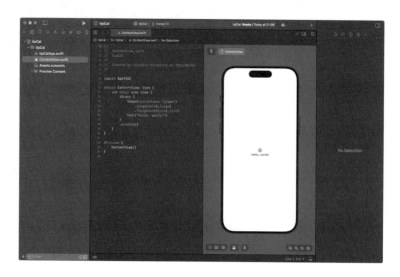

3. アプリケーションを切り替え、Cursorでプロジェクトを保存したフォルダを開きます。

4. これでCursorで開発を始めるための準備は整いました。これ以降、プログラミングはCursor側で行い、Xcodeでは動作検証を行うような役割分担になります。

【注意】学習段階では、シミュレータと実機での制限付きテストで十分ですが、将来的にアプリを配布する際には Apple デベロッパーアカウントが必要です。詳しくは、Apple デベロッパープログラム（https://developer.apple.com/jp/programs/）を参照してください。

▼ Cursor での開発手順

Cursor を使って iOS アプリの開発を進めていく上で、以下の手順を踏んでいきます。まずはプロジェクトのコードベースを理解し、次に必要な機能を実装していきます。最後に、シミュレータを使ってデバッグを行い、アプリの動作を確認します。

コードベースの理解

iOS アプリ開発を始める前に、プロジェクトのコードベースを理解することが重要です。

初めて Xcode や Swift での開発を行う場合、プロジェクト内にどのようなファイルがあり、自分の目的のアプリを作るために、どのファイルにどのような変更を加えればよいのかがわかりません。

そうした点を自分で確認することに加えて、Cursor にどういった環境でこれから何のアプリを開発しようとしているのかを伝える意味もあります。それがそれ以降、Cursor に的確なコードの提案をさせることにもつながります。

1. Cursor のウィンドウ右上にある歯車アイコンをクリックして、設定画面を開きます。
2. 「Feature」タブを選択して、「Codebase Indexing」セクションを確認

して、プログレスバーの左端が「Synced」、右端が「100%」表示になっていることを確認してから「Cursor Settings」タブを閉じます。

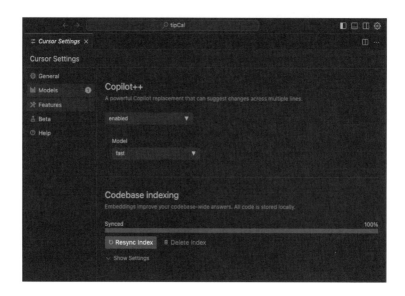

　Cursorでそのフォルダを初めて開いたタイミングでインデックス処理が開始されますが、プロジェクトが大きいと処理に時間がかかる場合があります。処理中の場合は完了を待ってから次の手順に進みます。

3. CursorのエディタでAIペインを開きます。
4. チャットモードは初期値の［Normal Chat］のまま、モデルは「gpt-4o」を選択します。
5. プロンプト入力欄に次のように質問を入力して、「with codebase」ボタンを実行します。

> このコードベースは何のものですか？

　AIアシスタントから以下のような回答が戻ります。SwiftUIを使用したiOSアプリのプロジェクトであることが正しく認識できているようです。この操作以降、チャット履歴のコンテキストにSwiftUIを使用したiOSアプリのコードベースであることが反映され、その前提で回答が返されるようになります。

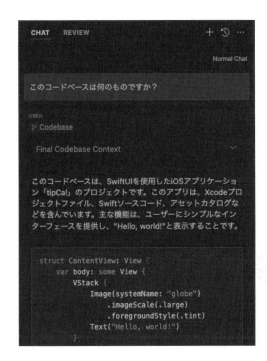

機能の実装

1. 機能の実装を始めましょう。プロンプト入力欄に次のように質問を入力、「chat」ボタンを実行します。

> 請求金額とチップの率を入力すると、チップ額と合計金額が計算されるチップ計算機を作成してください。

2. AI アシスタントから以下のような回答が戻ります。プロンプト下の「USED」に「Codebase」と表示されていることから、前回プロンプト送信時のコードベース情報が参照されたことがわかります。

3. 回答されたコードブロック上部に「ContentView.swift」とあることから、「ContentView.swift」ファイルを変更する必要があるようです。「Apply」ボタンを実行後「Accept」して、提案コードを反映します。

5.15 iOS アプリ開発（Swift）

```swift
import SwiftUI

struct ContentView: View {
    @State private var amount = ""
    @State private var tipPercentage = ""

    var totalTip: Double {
        let tipPercent = Double(tipPercentage) ?? 0 / 100
        let orderAmount = Double(amount) ?? 0
        return orderAmount * tipPercent
    }

    var totalAmount: Double {
        let orderAmount = Double(amount) ?? 0
        return orderAmount + totalTip
    }

    var body: some View {
        NavigationView {
            Form {
                Section(header: Text("請求金額")) {
                    TextField("金額を入力してください", text: $amount)
                        .keyboardType(.decimalPad)
                }
                Section(header: Text("チップの率 (%)")) {
                    TextField("チップの率を入力してください", text: $tipPercentage)
                        .keyboardType(.numberPad)
                }
                Section(header: Text("チップ額")) {
                    Text("\(totalTip, specifier: "%.2f") 円")
                }
                Section(header: Text("合計金額")) {
                    Text("\(totalAmount, specifier: "%.2f") 円")
                }
            }
            .navigationTitle("チップ計算機")
        }
    }
}

#Preview {
    ContentView()
}
```

4. 提案コードの反映した「ContentView.swift」ファイルを保存します（変更があって未保存のファイルはファイル名のタブの右端に●マークが表示されます）。

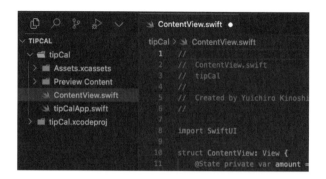

5. Xcodeにアプリケーションを切り替えます。「ContentView.swift」ファイルの変更を自動的に検知して、コード画面と右側のプレビュー画面が更新されます。この時点で先ほどのコードがプレビューされて、どのような見え方になるのかがわかります。

シミュレータでの動作検証

1. シミュレータを使ってアプリを検証しましょう。コード画面のタイトルバーにあるデバイス選択メニューをクリックすると、アプリケーションを実行するデバイス（実機またはシミュレータ）を選択できます。ここから任意のデバイスを選択します。

2. Xcodeのウィンドウ左上にある▶（Run）ボタンをクリックします。アプリケーションをビルド後、「Simulator.app」アプリケーションが起動されて、選択したデバイス上でアプリが起動した状態になります。
3. 「Simulator.app」アプリケーションに切り替えて、動作を検証します。macOS上での検証なのでキーボードやマウスで操作を行います。

第 5 章　プロンプト・プログラミング実践例

4. シミュレータでの動作検証を終了するときは、Xcode の▶（Run）ボタンの左に表示される■（stop）ボタンをクリックします。「Simulator.app」アプリケーションは起動したまま、ホーム画面の表示状態になります。

　Cursor でコードに変更を加えて、再び動作検証を行いたいとき、都度「Simulator.app」アプリケーションの起動からやり直すと時間がかかりますが、「Simulator.app」が起動したままの状態であればビルドから動作検証までの時間を短くできます。

　iOS アプリの開発について、プロジェクトの作成、コードの変更、動作検証まで一連の手順は以上です。

　初めての方は、その簡単さに驚かれるかもしれません。Xcode の使い方や Swift というプログラミング言語を知らなくても、自然言語で簡単にアプリを作ることができるのです。わからないことがあれば、AI アシスタントに聞けば答えてくれます。

　これを起点に、機能面や画面デザインなどの改善を加えていくことになりますが、Cursor で変更内容の指示プロンプトを出して、提案されたコードを反映と保存、Xcode に切り替えてビルド、シミュレータで動作検証を行うことのサイクルを回すことになります。

5.15 iOS アプリ開発（Swift）

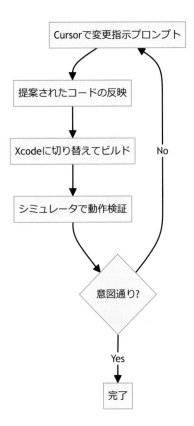

　今回の提案コードは、請求金額とチップの率を入力すると、チップ額と合計金額が正しく計算されますが、金額の表示が円になっているようです。チップといえば、チップ文化のある米国など外国が前提だと筆者は思い込んでしまいましたが、今回のプロンプト、モデル、実行タイミングでは、AI アシスタントがそうした点を考慮しなかったようです（同じ手順でも考慮される場合もあります）。読者の皆さんが同じ手順を踏んだ場合も、今回とは違うコードが提示されると思います。

　このばらつきが生成 AI によるプログラミングの特徴の 1 つですが、意図したものとできあがりの間のずれを小さくしたい場合は、プロンプト時点でどれだけ詳細な情報と具体的な指示を AI アシスタントに提供できたか、がポイントとなります。

» 5.16　Androidアプリ開発（Flutter）

　Swift でのiOSアプリ開発例では、開発の容易さとともに、プロンプトの意図とできあがりの間のばらつきについてご理解いただけたことと思います。

　次に、チップ計算機アプリを題材に、仕様書を用いることで、意図に近いプログラムを作成するための方法を考えていきましょう。

　本書の原稿を執筆する際、iOS版チップ計算機を何度か作成と破棄を繰り返しましたが、イメージに近いものが生成されたときに、それをベースに改善を行い、次の図のようなチップ計算機アプリ「TipCalculator」ができあがりました。

このアプリでは、チップ率をスライダー・コントロールで 10〜30% の範囲で設定できます。海外旅行のときに気になる日本円換算の機能も付けました。

今回は、Windows や Android スマートフォンをお使いの方にもシミュレータ（Android Studio では「エミュレーター」と呼びます）での動作検証ができるよう、単一のコードベースから iOS、Android 両方のアプリを作成できる開発環境である Flutter への移植を行います。この移植と再現の過程を通して、プロンプトでの指示の考え方について学んでいきましょう。

▼ 開発環境のセットアップ

Flutter による Android アプリ開発環境のセットアップは、以下の手順でインストールと設定を行ってください。ここでは、ユーザのホームディレクトリを基点に「development」フォルダを作成した場合の手順を説明します。

Flutter のインストールと設定

以下の手順に従って、Flutter のインストールと設定を行ってください。

Flutter SDK のダウンロード

1. Flutter SDK のダウンロードページ（`https://flutter.dev/docs/get-started/install`）にアクセスします。
2. 使用しているオペレーティングシステムを選択します。
3. 「Download」ボタンをクリックして、Flutter SDK をダウンロードします。
4. ダウンロードした ZIP ファイルを、以下の場所に解凍します。
   - Windows：`%USERPROFILE%\development\flutter`
   - macOS：`$HOME/development/flutter`

パスの設定

Flutter コマンドを環境変数 PATH に追加します。
- Windows：`%USERPROFILE%\development\flutter\bin` を環境変数 PATH に追加します。
- macOS：`export PATH="$PATH:$HOME/development/flutter/bin"`

を `.zshrc` ファイルに追加します。

Android Studio のインストール

1. Android Studio の公式ウェブサイト（`https://developer.android.com/studio`）にアクセスします。
2. お使いのオペレーティングシステムに合わせて、Android Studio をダウンロードします。
3. ダウンロードしたインストーラーを実行し、指示に従って Android Studio をインストールします。

Android Studio 用 Flutter プラグインのインストール

1. Android Studio を起動し、「File」→「Settings」（macOS の場合は「Android Studio」→「Preferences」）を選択します。
2. 「Plugins」セクションで、「Marketplace」タブを選択します。
3. 検索バーに「Flutter」と入力し、Flutter プラグインを検索します。
4. 「Install」をクリックして、Flutter プラグインをインストールします。

Windows での JDK のインストール

Windows 環境で Flutter の開発を行う場合、JDK（Java Development Kit）のインストールも必要です。macOS の場合、JDK は不要です。

1. Oracle の JDK ダウンロードページ（https://www.oracle.com/java/technologies/javase-jdk11-downloads.html）にアクセスします。
2. ライセンス契約に同意し、お使いの Windows バージョンに適した JDK バージョンをダウンロードします。
3. ダウンロードしたインストーラーを実行し、指示に従って JDK をインストールします。インストールパスはデフォルトのままにしておくことをおすすめします。
4. 設定が正しく行われたことを確認するために、新しいコマンドプロンプトを開き、以下のコマンドを実行します。

```
java -version
```

インストールした JDK のバージョンが表示されれば、設定は成功です。

依存関係の確認

1. ターミナル（またはコマンドプロンプト）を開き、`flutter doctor` コマンドを実行します。
2. このコマンドにより、Flutter の依存関係が正しくインストールされているかを確認できます。
3. 出力結果に警告や問題が表示された場合は、指示に従って必要な対処を行ってください。
   - Android アプリの開発に Visual Studio は必須ではないため、次の図のような×マークが表示されても問題ありません。

第 5 章　プロンプト・プログラミング実践例

```
PS C:\Users\yoo16\Documents\Chatbot> flutter doctor
Doctor summary (to see all details, run flutter doctor -v):
[√] Flutter (Channel stable, 3.22.2, on Microsoft Windows [Version
    10.0.22631.3672], locale ja-JP)
[√] Windows Version (Installed version of Windows is version 10 or higher)
[√] Android toolchain - develop for Android devices (Android SDK version 34.0.0)
[√] Chrome - develop for the web
[X] Visual Studio - develop Windows apps
    X Visual Studio not installed; this is necessary to develop Windows apps.
      Download at https://visualstudio.microsoft.com/downloads/.
      Please install the "Desktop development with C++" workload, including all
      of its default components
[√] Android Studio (version 2023.3)
[√] Connected device (3 available)
[√] Network resources

! Doctor found issues in 1 category.
PS C:\Users\yoo16\Documents\Chatbot>
```

　以上の手順に従って、Flutter SDK、Android Studio、JDK（Windows のみ）をインストールしてください。

　わからない点が出てきたら、AI アシスタントに聞きましょう。

▼ 新規プロジェクトの作成

1. Android Studio を起動し、ウェルカム画面の「New」から「New Flutter Project...」を選択します。

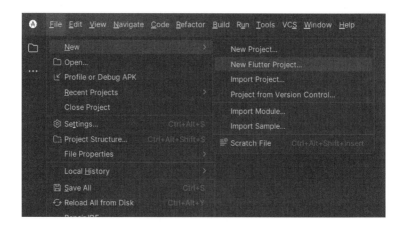

2. 「Generators」から「Flutter」を選択して、「Flutter SDK path」にFlutter をインストールした場所を指定して「Next」ボタンをクリックします。

5.16 Android アプリ開発（Flutter）

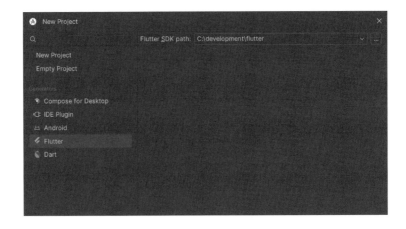

3. 「New Project」ダイアログで、以下の設定を行って「Create」ボタンをクリックします。

- Project name: プロジェクト名を入力します（例：tipcalculator）。
- Project location: プロジェクトの保存先を選択します（例：~/StudioProjects）。
- プロジェクトは「~/StudioProjects/tipcalculator」に作成されます。
- Description: プロジェクトの説明を入力します（例：A new Flutter project）。
- Project type: プロジェクトのタイプを「Application」に設定します。
- Organization: 組織名を入力します（例：com.example）。
- Android language: Android アプリの開発言語を「Kotlin」に設定します。
- Platforms: プロジェクトのターゲットプラットフォームを「Android」に選択します（macOS の方は iOS も選択して同時に対応することもできます）。
- Create project offline: オフラインでプロジェクトを作成する場合はチェックを入れます（任意）。

4. 新しい Flutter プロジェクトの初期画面が表示されます。

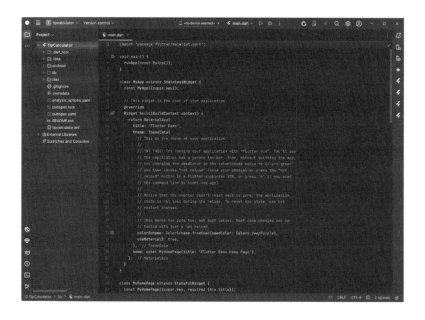

5. Android Studio 上で動作検証を行うスマートフォンの仮想デバイスを

設定します（作成済みデバイスがある場合、このステップは不要です）。

5-1. メニューバーから「Tools」を選択し、続けて「Device Manager」を選択します。

5-2.「Device Manager」ウィンドウが開きます。＋ボタンをクリックして「Create Virtual Device」を選択します。

5-3.「Select Hardware」ウィンドウが表示されます。「Phone」カテゴリを選択し、リストからデバイスを選択します。「Next」ボタンをクリックします。

5-4.「System Image」ウィンドウが表示されます。エミュレートしたいAndroidのバージョンを選択します。システムイメージを選択したら「Next」ボタンをクリックします。

5-5.「Android Virtual Device (AVD)」の設定画面が表示されます。必要に応じて、AVDの名前、起動オプション、カメラ、ネットワーク、メモリと記憶域などの設定を調整します。設定が完了したら「Finish」ボタンをクリックします。

6. アプリケーションを切り替え、Cursorでプロジェクトを保存したフォルダを開きます。

　これでCursorで開発を始めるための準備は整いました。これ以降、プログラミングはCursor側で行い、Android Studioでは動作検証を行うような役割分担になります。

第5章 プロンプト・プログラミング実践例

▼ 仕様書からアプリ作成

パターン1（概要仕様書からアプリ作成）

　macOS上のCursorで、以下のプロンプトで「TipCalculator」アプリのソースコードから仕様書を作成します（「ContentView.swift」ファイルをシンボル参照しています）。

```
このiOSアプリの仕様書を書いてください。　@ContentView.swift
```

　結果として、以下のような仕様書（「spec1.md」ファイル）が出力されました。

```
# TipCalculator 仕様書

## 概要
TipCalculatorは、ユーザーが請求金額とチップ率を入力することで、チップ金額と
合計金額を計算するiOSアプリです。また、為替レートを入力することで、日本円換算
額も計算できます。

## 機能一覧
1. **請求金額の入力**
    - ユーザーは請求金額を入力します。
    - 入力は小数点を含む数値で行います。

2. **チップ率の設定**
    - スライダーを使用してチップ率を10%から30%の範囲で設定します。
    - チップ率は1%刻みで調整可能です。
```

3. **チップ金額の計算**
   - 入力された請求金額と設定されたチップ率に基づいてチップ金額を計算します。

4. **合計金額の計算**
   - 請求金額とチップ金額を合計して、合計金額を表示します。

5. **為替レートの入力**
   - ユーザーは為替レートを入力します。
   - 入力は小数点を含む数値で行います。

6. **日本円換算額の計算**
   - 合計金額と入力された為替レートに基づいて、日本円換算額を計算します。

UI構成
- **NavigationView**
  - アプリ全体を包むナビゲーションビュー。
  - タイトルは「TipCalculator」。

- **Form**
  - 入力フォームを提供するビュー。

- **Section: チップ計算**
  - **請求金額入力**
    - テキストフィールドで請求金額を入力。
  - **チップ率設定**
    - スライダーでチップ率を設定。
  - **チップ金額表示**
    - 計算されたチップ金額を表示。
  - **合計金額表示**
    - 計算された合計金額を表示。

- **Section: 日本円換算**
  - **為替レート入力**
    - テキストフィールドで為替レートを入力。
  - **円換算額表示**
    - 計算された日本円換算額を表示。

関数
- **calculateTip() -> Double**
  - 請求金額とチップ率に基づいてチップ金額を計算します。

- **calculateTotal() -> Double**
  - 請求金額とチップ金額を合計して合計金額を計算します。

```
- **calculateInYen() -> Double**
    - 合計金額と為替レートに基づいて日本円換算額を計算します。

- **hideKeyboard()**
    - キーボードを非表示にします。

## 使用技術
- **SwiftUI**
    - ユーザーインターフェースの構築に使用。
- **@State**
    - ユーザー入力を管理するための状態変数。
- **NavigationView**
    - ナビゲーションを提供。
- **Form**
    - 入力フォームを提供。
```

生成AIの性質上、実行のたびに出力される情報の内容が変わりますが、今回はプロンプトが簡潔であるにもかかわらず、比較的詳細な仕様書が作成されました。

次に、この仕様書を、Windows上で「開発環境のセットアップ」の手順を行ったCursor、Android Studio環境の新規プロジェクト内に保存し、「main.dart」ファイルを開いた（最前面の）状態で以下のプロンプトでアプリ作成を指示します（「spec1.md」ファイルをシンボル参照しています）。

この仕様書に準拠したFlutterアプリを作ってください。実装できない点がある場合はコードブロック外でリストしてください。 @spec1.md

5.16 Android アプリ開発（Flutter）

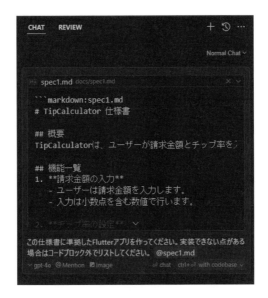

　実装コードが提示され、コードブロック外に以下の注記が表示されました。iOS アプリと Flutter の仕様の違いがあるため、そのまま移植できない点がありますが、AI アシスタントが代替案を提示してくれたようです。

> 実装できない点は以下の通りです：
> SwiftUIの@Stateに相当するものはFlutterではStatefulWidgetとsetStateで管理します。
> NavigationViewはFlutterではNavigatorやMaterialAppで代替します。

　提案コードブロック上の「Apply」ボタンでコードの変更を反映して、保存後、Android Studio に切り替えて、「Device Manager」内のデバイスの「▷」ボタンをクリックしてエミュレーターを起動します。

第 5 章　プロンプト・プログラミング実践例

　エミュレーターが起動したら、スマートフォンの画面が表示されます。次に、ツールバーの緑色「▶」（Run）ボタンをクリックして、アプリをエミュレーター上で実行します。

iOS ネイティブアプリと Flutter アプリの違いによる見た目の違いはありますが、請求金額を入力して、チップ率を選択すると、チップ額と合計金額が計算されます。ただし、円換算額の計算タイミングに問題があるようで、為替レートを入力しても再計算されないため、画面のように計算が正しくない状態になる場合があります（この状態でチップ率を変更すると再計算されて、計算が合います）。

小さな問題はありますが、ソースコードの変換ではなく、仕様書から作成したアプリであっても主要な機能は再現されました。

この後、このアプリを改善したい場合、iOS 版アプリの場合と同様の改善プロセスのサイクルを繰り返すことになります。

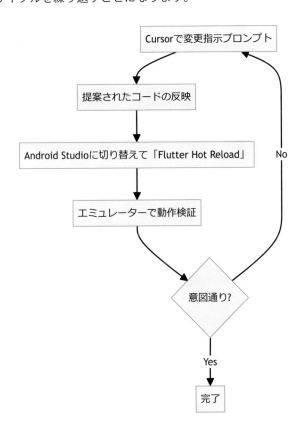

「Flutter Hot Reload」はツールバーに表示される■（稲妻）アイコンのボタンで、ソースコードの変更のたびにビルドし直さなくても、アプリに反映できるFlutterの便利な機能です。問題がない限り、これを使うと改善サイクルを素早く回すことができます。

ただし、Hot Reload後に動作がおかしい場合は、「Device Manager」内のデバイスの「■」（Stop）と「▶」（Run）でエミュレーターを再起動しましょう。

パターン2（詳細仕様書からアプリ作成）

同じソースコードから、パターン1よりも詳しい仕様書を作成して、iOSからFlutterへの移植を行う仕様書に書き換えてから、詳細な指示のプロンプトでアプリを作成した場合を見ていきます。

ただ仕様書を書くプロンプトでなく、どういった点に着目して「忠実に」仕様書を作成するのかを指示しています。

```
下記の点についてソースコードに忠実に、このiOSアプリの仕様書を書いてください。
## 機能
## 動作
## 関数
## 画面デザイン
## 操作性
```

設定
この仕様書の情報で同じアプリを再現できることができるレベルで出力してください。

以下のような仕様書(「spec2.md」ファイル)が出力されました。

TipCalculator 仕様書

概要
TipCalculatorは、ユーザーが請求金額とチップ率を入力することで、チップ金額と合計金額を計算するiOSアプリです。また、為替レートを入力することで、日本円換算額も計算できます。

機能
1. **請求金額の入力**
    - ユーザーは請求金額を入力します。
    - 入力は小数点を含む数値で行います。

2. **チップ率の設定**
    - スライダーを使用してチップ率を10%から30%の範囲で設定します。
    - チップ率は1%刻みで調整可能です。

3. **チップ金額の計算**
    - 入力された請求金額と設定されたチップ率に基づいてチップ金額を計算します。

4. **合計金額の計算**
    - 請求金額とチップ金額を合計して、合計金額を表示します。

5. **為替レートの入力**
    - ユーザーは為替レートを入力します。
    - 入力は小数点を含む数値で行います。

6. **日本円換算額の計算**
    - 合計金額と入力された為替レートに基づいて、日本円換算額を計算します。

動作
- **請求金額の入力**: テキストフィールドに請求金額を入力します。
- **チップ率の設定**: スライダーでチップ率を設定します。
- **チップ金額の表示**: 計算されたチップ金額が表示されます。
- **合計金額の表示**: 計算された合計金額が表示されます。
- **為替レートの入力**: テキストフィールドに為替レートを入力します。
- **日本円換算額の表示**: 計算された日本円換算額が表示されます。

関数

- **calculateTip() -> Double**
  - 請求金額とチップ率に基づいてチップ金額を計算します。
  - ```swift
    func calculateTip() -> Double {
        let amount = Double(totalAmount) ?? 0
        return amount * tipPercentage / 100
    }
    ```

- **calculateTotal() -> Double**
  - 請求金額とチップ金額を合計して合計金額を計算します。
  - ```swift
    func calculateTotal() -> Double {
        let amount = Double(totalAmount) ?? 0
        return amount + calculateTip()
    }
    ```

- **calculateInYen() -> Double**
  - 合計金額と為替レートに基づいて日本円換算額を計算します。
  - ```swift
    func calculateInYen() -> Double {
        let rate = Double(exchangeRate) ?? 0
        return calculateTotal() * rate
    }
    ```

- **hideKeyboard()**
  - キーボードを非表示にします。
  - ```swift
    #if canImport(UIKit)
    extension View {
        func hideKeyboard() {
            UIApplication.shared.sendAction(#selector(UIResponder.resignFirstResponder), to: nil, from: nil, for: nil)
        }
    }
    #endif
    ```

画面デザイン
- **NavigationView**
  - アプリ全体を包むナビゲーションビュー。
  - タイトルは「TipCalculator」。

- **Form**
    - 入力フォームを提供するビュー。

- **Section: チップ計算**
    - **請求金額入力**
        - テキストフィールドで請求金額を入力。
        - フォントサイズ: `.title2`
        - キーボードタイプ: `.decimalPad`
    - **チップ率設定**
        - スライダーでチップ率を設定。
    - **チップ金額表示**
        - 計算されたチップ金額を表示。
        - フォントサイズ: `.title2`
    - **合計金額表示**
        - 計算された合計金額を表示。
        - フォントサイズ: `.title2`

- **Section: 日本円換算**
    - **為替レート入力**
        - テキストフィールドで為替レートを入力。
        - フォントサイズ: `.title2`
        - キーボードタイプ: `.decimalPad`
    - **円換算額表示**
        - 計算された日本円換算額を表示。
        - フォントサイズ: `.title2`

操作性
- ユーザーはテキストフィールドに数値を入力し、スライダーでチップ率を調整します。
- 入力フィールドをタップするとキーボードが表示され、画面をタップするとキーボードが非表示になります。

設定
- **@State**: ユーザー入力を管理するための状態変数。
    - `@State private var totalAmount: String = ""`
    - `@State private var tipPercentage: Double = 15`
    - `@State private var exchangeRate: String = ""`

- **SwiftUI**: ユーザーインターフェースの構築に使用。
- **NavigationView**: ナビゲーションを提供。
- **Form**: 入力フォームを提供。

パターン1の場合よりも詳細な仕様書が出力されました。

この iOS 版の仕様書を、Flutter で実装できる内容の仕様書に書き換えるため、以下のようにプロンプトで指示しました（回答が長すぎるためか、結果がコードブロックで返ってこなかったため、Interpreter Mode でファイルとして保存する形で実行しました）。

```
この仕様書はiOSアプリのものですが、これをFlutterに移植するための仕様書に変換して 「spec2_Flutter.md」として保存してください。
可能なものは忠実に再現して、移植が不可能なものは仕様書内に注記してください。移植が不可能な点がなければ、なしと記載してください。
## 機能
## 動作
## 関数
## 画面デザイン
## 操作性
## 設定 @spec2.md
```

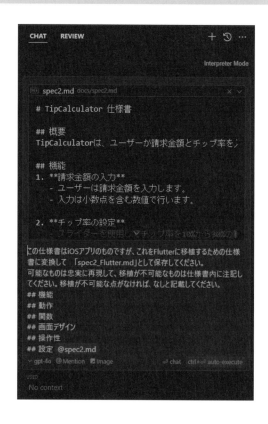

以下の内容で「spec2_Flutter.md」ファイルが保存されました。

TipCalculator 仕様書

概要
TipCalculatorは、請求金額に対するチップ金額と合計金額を計算し、さらに日本円に換算するFlutterアプリです。

画面構成
メイン画面
- **アプリバー**
    - タイトル: "TipCalculator"

- **フォーム**
    - **セクション: チップ計算**
        - **請求金額入力**
            - ラベル: "請求金額"
            - テキストフィールド: "請求金額を入力"
            - キーボードタイプ: 小数点入力
        - **チップ率スライダー**
            - スライダー範囲: 10% - 30%
            - ステップ: 1%
        - **チップ率表示**
            - ラベル: "チップ率"
            - 値: スライダーの値（整数表示）
        - **チップ金額表示**
            - ラベル: "チップ金額"
            - 値: 計算されたチップ金額（小数点以下2桁表示）
        - **合計金額表示**
            - ラベル: "合計金額"
            - 値: 計算された合計金額（小数点以下2桁表示）

    - **セクション: 日本円換算**
        - **為替レート入力**
            - ラベル: "為替レート"
            - テキストフィールド: "レートを入力"
            - キーボードタイプ: 小数点入力
        - **円換算額表示**
            - ラベル: "円換算額"
            - 値: 計算された円換算額（整数表示）

機能
チップ計算
- **calculateTip()**

- 入力された請求金額とチップ率からチップ金額を計算します。
- 計算式：`請求金額 * チップ率 / 100`

合計金額計算
- **calculateTotal()**
  - 入力された請求金額と計算されたチップ金額から合計金額を計算します。
  - 計算式：`請求金額 + チップ金額`

日本円換算
- **calculateInYen()**
  - 計算された合計金額と入力された為替レートから円換算額を計算します。
  - 計算式：`合計金額 * 為替レート`

キーボード非表示
- **hideKeyboard()**
  - 画面タップ時にキーボードを非表示にします。

デザイン
- **フォント**
  - 全体的に `title2` フォントを使用
- **色**
  - セクションヘッダーのテキスト色：`.accentColor`
- **レイアウト**
  - テキストフィールドとラベルは `Row` で配置
  - テキストフィールドは右揃え、最大幅150
  - スライダーは `10...30` の範囲でステップ1
  - 各値表示は右揃え、最小スケールファクター0.5、1行に制限

プレビュー
- ***#Preview**
  - `ContentView` のプレビューを表示

その他
- **ローカライズ**
  - 日本語対応：すべてのラベルとプレースホルダーは日本語で表示されます。

- **入力制限**
  - テキストフィールドは小数点入力に対応（`TextInputType.numberWithOptions(decimal: true)`）

- **アクセシビリティ**
  - すべてのテキストは適切なフォントサイズとスケールファクターを設定し、読みやすさを確保

```
## 注記
- 移植が不可能な点はなし
```

　Swift 固有の関数や設定値などが Flutter で実装可能な仕様に書き換えられていることが確認できます。注記も「移植が不可能な点はなし」となりました。

　次に、変換後の Flutter 用仕様書をもとに、以下のプロンプトで Flutter アプリの作成を指示しました。ここでも、パターン 1 とは異なり、注意点と「忠実に」という指示を加えています。

```
Flutterアプリをこの仕様書に忠実に下記の点に注意して作成してください。実装が不可能な点はコードブロック外にリストしてください。実装が不可能な点がなければ、なしと記載してください。
## 機能
## 動作
## 関数
## 画面デザイン
## 操作性
## 設定　@Specification_flutterv2.md
```

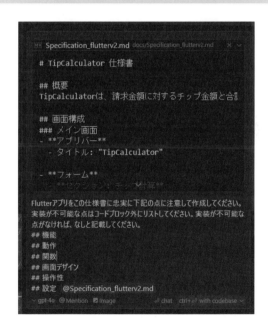

第5章　プロンプト・プログラミング実践例

　提案コードブロック上の「Apply」ボタンでコードの変更を反映して、保存後、Android Studioで「Flutter Hot Reload」ボタン、または「Run」ボタンをクリックして、「エミュレーター」上で動作を検証します。

　今度は、iOS版と同等の機能が動作して、計算結果も正しくなりました。
　自然言語の仕様書をもとに、別のプラットフォーム上であっても、かなりの再現度でアプリを作成可能であることがわかりました。そして、<u>そのポイントは仕様書に記載されている情報の詳細さと、プロンプトで「忠実に」という指示を出すことでした。</u>

パターン3（詳細仕様書を手編集してアプリのアップデート）

　仕様書の詳細さやプロンプトからの指示の出し方で、作成するアプリの再現度を高めることが確認できました。
　普通は、ここを起点としてプロンプトから改善を加えていくことになりますが、ここでは仕様書に手編集で要件を追記して、それをもとにアプリを作成するパターンを試してみましょう。
　パターン2で作成されたアプリをよく見ると、スライダーコントロールを操作している間はチップ率が表示されるのですが、他の操作を行うと現在のチップ率が見えなくなります。

5.16 Android アプリ開発（Flutter）

iOS 版アプリと同じように現在のチップ率が表示されるように、また、チップ計算は別の通貨で計算するはずですので、プルダウンから通貨表示を選べるようにしたいと思います。

パターン 2 の仕様書に以下のように要件を追記して、「Specification_flutterv2.md」ファイルとして保存します。

```
- **フォーム**
  - **セクション：チップ計算**
    - **DropdownButtonウィジェット**
      - 選択肢：主要通貨の記号（USD, EUR, JPY, AUD, CAD）
    - **請求金額入力**
      - ラベル："請求金額"
      - テキストフィールド："請求金額を入力"
      - キーボードタイプ：小数点入力
    - **チップ率スライダー**
      - スライダー範囲：10% - 30%
      - ステップ：1%
    - **チップ率表示**
      - ラベル："チップ率"
      - 値：スライダーの値（整数表示）
    - **チップ率表示**
      - ラベル："チップ率"
      - 値：設定されたチップ率（小数点以下2桁表示）
    - **チップ金額表示**
      - ラベル："チップ金額"
      - 値：計算されたチップ金額（小数点以下2桁表示）
      - 選択した通貨記号による表示
    - **合計金額表示**
```

- ラベル："合計金額"
- 値：計算された合計金額（小数点以下2桁表示）
- **選択した通貨記号による表示**

　「DropdownButton ウィジェット」の箇所は通貨を表示する選択肢ですが、筆者の使い慣れた語彙で「プルダウン」と記載してもコード作成時に忠実に再現されなかったため、Flutter のコントロール名を調べて記載しました（AI アシスタントがなかなか指示に従わない場合は、自分の意図を AI アシスタントに伝わりやすい記載方法に書き直すことが有効です）。

　このアップデート版仕様書をもとに、以下のプロンプトでコード作成を指示します。

```
Flutterアプリをこの仕様書に忠実に下記の点に注意して作成してください。実装が不
可能な点はコードブロック外にリストしてください。実装が不可能な点がなければ、な
しと記載してください。
## 機能
## 動作
## 関数
## 画面デザイン
## 操作性
## 設定　@Specification_flutterv2.md
```

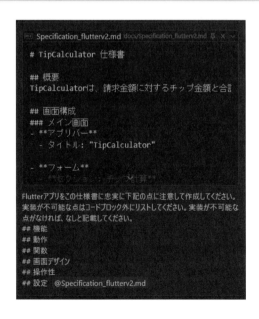

5.16 Android アプリ開発（Flutter）

　提案コードブロック上の「Apply」ボタンでコードの変更を反映して、保存後、Android Studio で「Flutter Hot Reload」ボタン、または「Run」ボタンをクリックして、「エミュレーター」上で動作を検証します。

　通貨をプルダウンから選択できるようになり、現在のチップ率もスライダーコントロールの右横（画面では 20%）に表示されるようになりました。
　ただ、なぜか円換算額の表示が自動計算ではなく、「計算」ボタンでの再計算方式に退化してしまいました。生成 AI によるコード作成ではこうしたケースが起こりがちですが、仕様書通りに実装されなかったのは単純に確率論的な理由と思われます。こういう場合は、何度か同じプロンプトでコードを生成させることが有効です。また、プロンプトからのコード生成の場合は「指示した以外の機能は変更しない」といった指示が有効です。

第 5 章　プロンプト・プログラミング実践例

今回はプロンプトで以下の指示を出して修正します。

> 日本円換算セクションの「計算」ボタンは廃止（表示しない）。画面上の計算処理はすべて自動計算。

提案コードブロック上の「Apply」ボタンでコードの変更を反映して、保存後、Android Studio で「Flutter Hot Reload」ボタン、または「Run」ボタンをクリックして、「エミュレーター」上で動作を検証します。

追加したかった機能がすべて実装され、動作も問題ありません。

　ストアで公開するようなアプリであれば、デザイン面を洗練させるなどの改善は必要ですが、機能としてはすでに実用的なレベルに達しています。

　この時点で再度ソースコードから詳細な仕様書を作成して保存しておくことで、仕様書とソースコードのバージョンを揃えておくことができます。

　今回の例題は長くなりましたので、最後に要点をまとめておきます。

- 簡易なプロンプト・仕様書だと、生成されるコードのできあがりのばらつきが大きくなること。
- 仕様書の記載の詳細さ、プロンプトの出し方で、できあがりのばらつきをコントロールできること。
- 仕様書とソフトウェアは、双方向の変換が可能で、双方のバージョンを揃えることができること。

　本書の例題は、読者の方々に生成 AI を活用したプログラミングの考え方を例示することを目的としています。これらの例を参考に、皆さんには自らの手で試行錯誤を重ね、ノウハウを築き上げていっていただきたいと思います。

（スペースの関係で、各段階での AI アシスタントからの提示プログラムの掲載は省略しましたが、プログラムのソースコードは GitHub にて公開します）

第6章 Cursor 開発テクニック

» 6.1 プロンプト・テクニック

▼ プロンプト・エンジニアリング

　AI アシスタントに対して効果的な指示や質問を与える方法をプロンプト・エンジニアリングと呼びます。プロンプト・エンジニアリングは、AI を活用したプログラミングにおいても欠かせないスキルです。

　OpenAI と Anthropic が公開しているドキュメントが基本となるため、まずはそれらを熟読することをおすすめします。

- OpenAI
  https://platform.openai.com/docs/guides/prompt-engineering
- Anthropic
  https://docs.anthropic.com/ja/docs/prompt-engineering

　その上で、プログラミングに特化したプロンプト・エンジニアリングの考え方を「できるだけ AI アシスタントに解決策を考えてもらう」という視点で要点をまとめてみました。

1. ゴールの明確化
   - プログラムの目的や実現したい機能を明確に伝える。
2. 実装については大まかな指示
   - 細かい実装方法ではなく、大まかな要件や制約を伝える。
   - AI アシスタントが柔軟に問題を解決できるようにする。
3. 具体例の提示

- プログラムの主な使用例や入力例を示す。
- AI アシスタントがそれらを参考に適切なコードを生成できる。
4. 段階的な開発
    - 複雑なプログラムは小さな機能に分けて段階的に開発するよう提案する。
    - AI アシスタントが各部分を実装し、徐々に全体を組み立てられるようにする。
5. レビューとフィードバック
    - AI アシスタントの生成したコードに対して、的確なフィードバックを与える。
    - 改善点や追加の要件を伝えることで AI アシスタントの学習を促す。

画面デザインについては、次のような要点が挙げられます。

1. 画面の構成要素と配置
    - 画面上の各要素（ボタン、入力欄、ラベルなど）の配置を指定する。
    - 要素の位置、大きさ、間隔などを明確に伝える。
2. 画面要素の種類と機能
    - 使用する画面要素の種類（ボタン、チェックボックス、選択リストなど）を明示する。
    - 各要素の機能や動作を説明する。
3. デザインの雰囲気とテーマ
    - 色使い、フォント、アイコンなど、全体的なデザインの雰囲気やテーマを指定する。
    - モダン、シンプル、フラットデザインなど、目指すデザインのイメージを伝える。
4. 画面サイズへの対応
    - 異なる画面サイズやデバイスに合わせたレイアウトを指定する。
    - スマートフォン、タブレット、パソコンなど、対象となるデバイスを明示する。
5. 画面のイメージ図やモックアップの提供

- 画面デザインのイメージ図やモックアップを作成し、AI アシスタントに提供する。
- 視覚的な表現を用いることで、AI アシスタントはデザインの要件をより正確に理解できる。

▼ リバース・プロンプティング

　プログラムコードから自然言語のプロンプトに戻す（リバース）ことで、モデルがより良いコードを生成しやすいプロンプトの書き方を知ることができます。以下の手順を繰り返し行います。

1. プロンプトの工夫を行う。
2. 期待したコードを生成したプロンプトを解析する。
3. コードからプロンプトを逆生成する。
4. プロンプトの再現性を確認する。

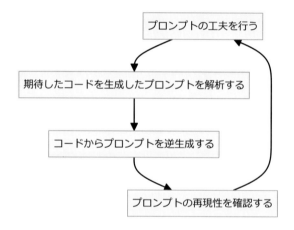

　学習対象のソースコードとして、GitHub から定評のある OSS（オープンソースソフトウェア）のプロジェクトをダウンロードして、ソースコードから仕様書やプロンプトを出力して、内容を評価することもおすすめです。
　この繰り返しを通じて、再現性の高いプロンプトをライブラリ化、テンプレート化できれば、プログラミング作業の生産性が大幅に向上します。

▼ 画像・エラー情報による指示

　画像は言葉では伝えにくい情報を忠実に伝えることができます。Cursor でビジョン機能に対応したモデルは限られますが、画像による指示を積極的に利用することをおすすめします。

　エラーについては、コピーできるメッセージはプロンプトに貼り付け、コピーできない場合はスクリーンショットを撮ってプロンプトに含めます。これにより、長い文章を書く必要がなくなります。

　ハンズオン例題やプログラミング例題でもこのテクニックを使用しているので、参考にしてください。

▼ シンボル参照の参照範囲

　モデルが学習していない情報をオンデマンドで参照させることができるシンボル参照は、非常に強力な機能です。ただし、参照情報の範囲が広すぎると効果が得られない場合があります。そのような場合は、以下のような手順で参照情報の範囲を絞り込んでいくことが有効です。

1. Web 参照
2. 公式ドキュメントを Docs 登録して参照
3. 該当情報ページの URL 参照
4. 参照させたいサンプルコードをローカルに保存して、ファイル参照

　このように、シンボル参照で提供する情報を必要最小限に絞ることで、モデルがより的確に情報を活用できるようになります。

　特に、新しいバージョンのソフトウェア、フレームワーク、環境の情報については、期待した回答が得られない場合、最新の情報源を参照するように指定してみることをおすすめします。最新の情報を参照することで、モデルがより精度の高い回答を生成できる可能性が高まります。

▼ プログラム知識

　生成 AI によるコード生成の大きなメリットは、プログラム知識がなくても自然言語だけである程度のプログラムを作れることです。しかし、トラブルシューティングや細かな制御が必要になる場面では、プログラム知識の重要性が増してきます。

　生成されたコードを評価するには、プログラミング言語の文法、アルゴリズム、デザインパターン、ベストプラクティスなどに関する知識が不可欠です。また、品質の高いコードを生成 AI に書かせるためにも、適切な情報をプロンプトに含める必要があります。

　プログラミング言語の深い理解と実践的な経験は、生成されたコードを理解し、必要に応じて修正する能力にも直結します。これには、コードの読解力、デバッグ能力、リファクタリング能力などが含まれます。

　プログラム知識は、生成 AI を活用したプログラミングにおいて、以下の点で重要な役割を果たします。

- コードの品質を評価する。
- 高品質なコードを生成するために必要な指示を与える。
- 生成されたコードを理解・修正するための基盤となる。

　質の高いプロンプトを書くためにはプログラムの知識も必要です。プログラムの構造や設計、良いコードの書き方などを理解していることで、AI に適切な指示を与えられます。

　プロンプトでのプログラミングから入門された方は、生成されたコードにコメントを付けて読むことから始めましょう。疑問に思ったことは AI アシスタントに質問し、さらに知りたい点はネットや書籍で調べてみましょう。そうした繰り返しを通して、自然にプログラム知識も身に付いていくでしょう。

　文法から学ぶのではなく、動くプログラムから文法に慣れていくというアプローチは、生成 AI 時代のプログラミング学習の新しいスタイルになるかもしれません。

» 6.2　コードの保護

　生成 AI によるコード生成では、プロンプトで指示した範囲外の変更が紛れ込む現象がたびたび起こります。いつのまにか問い合わせ先の API バージョンが古くなっていたといったトラブルを防ぐために、コードの保護にも注意しましょう。

▼「Accept」前の変更内容確認

　「Apply」ボタンによるコードの変更が複数箇所にわたる場合、内容を確認せずに一括で「Accept」することは避けましょう。変更ブロックごとに「Accept」、「Reject」を選択できるので、内容を確認して適切に使い分けましょう。

▼ 変更範囲の限定

1. Command K の利用
   - Command K は選択範囲のコードが更新の対象となるため、それ以外のコードに対する変更のリスクを避けられます。
2. 変更したいコードブロックの明示的な指定
   - AI ペインのチャットから指示する場合、変更したいコードブロックを明示的に指定します。

　変更したいコード部が 50 行以内であれば Command K、50 行を超える場合は、AI ペインのチャットでの指示という使い分けの目安にするとよいでしょう。

▼ モジュール（ファイル）の分割

　プログラムソースのファイルは、モジュールごとに分割し、機能ごとの単位に分けることが従来からのベストプラクティスです。生成 AI を使用する際には、意図しないコードの変更からコードを保護するという点において、この手法が特に重要になります。

生成AIでのプログラミングでは、特に指示しない限り、単一のソースコードに多数のモジュールが詰め込まれる傾向が強いため、注意が必要です。「モジュールとして分割できる機能はありますか？」といったプロンプトで、AIアシスタントに提案してもらうのも1つの方法です。

ファイルを分割し、単一のソースコードを小さくすることで、改善コードの生成や「Apply」ボタンによる更新処理の速度の向上も期待できます。

▼ Gitによるバージョン管理

意図しない変更から元の状態に戻せるように、Gitによるバージョン管理は従来以上に重要です。

▼ Undo機能とチャット履歴の活用

Cursorは、ファイルを閉じない限り、変更の履歴を保持しています。Undo（macOSでは⌘+Z、WindowsではCtrl+Z）で操作前の状態に戻すことができます。必要のないときにファイルを閉じないことで、Undo機能をより効果的に活用できます。

また、チャット履歴のコードブロックが残されていれば、それをコピーすることで、特定のプロンプト時点のコードに戻すことができます。

» 6.3　Tips

▼ アクティビティバーの向きを垂直に変更

Cursorでは、デフォルトでアクティビティバー（サイドバーにあるアイコンが横に並んでいる部分）が水平になっています。これは、AIペインのスペースを確保するためです。しかし、VSCodeユーザーが使い慣れているなどの理由で、垂直のアクティビティバーに変更したい場合は、以下の手順で設定を変更できます。

1. Cursorの設定画面を開きます。
    - Windowsの場合：

- メニューバーから「ファイル」をクリックし、「基本設定」から「設定」を選択します。
- macOS の場合：
  - メニューバーから「Cursor」をクリックし、「基本設定」から「設定」を選択します。
- または、キーボードショートカットを使用します。
  - Windows：Ctrl+,
  - macOS：⌘+,
2. 設定画面の右上にある「設定（JSON）を開く」（Open Settings (JSON)）アイコンをクリックします。

3. settings.json ファイルがエディタで開きます。
4. settings.json ファイル内で、"workbench.activityBar.orientation" の行を探します。
   - この行が存在しない場合は、最後の行にカンマ（,）を追加した上で、新しい行として追加します。
5. "workbench.activityBar.orientation" の値を "vertical" に設定します。

```
{
  ...
  "workbench.colorTheme": "Default Dark+",
  "workbench.activityBar.orientation": "vertical"
}
```

6. 設定ファイルを保存します。
7. Cursor を再起動して、変更を有効にします。

これで、Cursor のアクティビティバーが VSCode と同様に、サイドバーの

左側に垂直に表示されます。

▼ 同じプロンプトの繰り返し送信

Cursorでは、一度送信したプロンプトを再送信できます。送信済みのチャットのプロンプト入力欄にカーソルを置くと、モデルや「chat」ボタンなどが表示されます。

このまま「chat」ボタンをクリックすれば、プロンプトを再送信できます。生成AIの回答は確率的なものなので、期待した回答でない場合は、単純に再送信でより良い回答が戻る場合があります。もちろん、モデルを変更したり、プロンプトを微調整したり、シンボル参照する情報を追加した上で再送信することもできます。

ただし、再送信する際には注意が必要です。再送信をすると、前の回答は上書きされて、消えてしまいます。プロンプトに間違いがあったり、コードブロックが壊れた回答になっていたりする場合は問題ありませんが、前の回答も残しておいて参照したい場合には、再送信ではなく、新規のプロンプトとして送信することをおすすめします。

　つまり、回答を残して比較参照したい場合は、新規のプロンプトとして送信し、前の回答を消して再送信したい場合は、前回のプロンプトを再送信するという使い分けが良いでしょう。

▼ 大規模プロジェクトの Codebase 参照

大規模なプロジェクトに対して、Codebase 参照したプロンプトを送信した際、「ソースコードや設定ファイルに記載されている情報が検出されない」といった声を目にすることがあります。

そのような場合は、以下の 2 点を試してみてください。

1. チャットモードを「Long Context Chat」に変更する。

    大規模なプロジェクトのコードベース参照には、大きなコンテキスト長が必要です。「Normal Chat」で選択できるモデルでは、大量のデータを処理しきれないことがあるため、チャットモードを「Long Context Chat」に切り替えます。

「Long Context Chat」で選択可能なモデルとその特徴は以下の表の通りです。

モデル名	特徴	最大トークン数
gpt-4o-128k	GPT-4 の高速・高効率版。長いコンテキストを保持可能で、複雑なタスクに適している	128,000

モデル名	特徴	最大トークン数
claude-3-haiku-200k	高速でコンパクト。シンプルなクエリーに瞬時に応答	200,000
claude-3-sonnet-200k	エンタープライズワークロードに最適。低コストで高パフォーマンス	200,000
gemini-1.5-flash-500k	非常に長いコンテキストを保持可能。複雑な問題解決や創造的なタスクに適している	500,000

プロジェクトのサイズとプロンプトの内容に合わせて、適切なモデルを選択してください。プロジェクトが大きいほど、コンテキスト長の大きなモデルが有効です。

2. コードベース参照のシンボル「@Codebase」と入力すると表示される「Advanced」トグルから、Codebase の詳細設定を開き、「Number of results per search:」の値をデフォルトの「100」から「400」や「1200」に変更する。

この2点により、多くの場合、問題が解決します。ただし、ファイル数が2,000ファイルを超えるプロジェクトでは、自動的にインデックスが作成されないた

め、手動でインデックスを作成し、「Number of results per search:」の値を増やすことの両方を行ってください。

　Codebase 参照は Cursor の強力な機能の 1 つですが、プロジェクト内でどのファイルを変更すべきか、どこを変更すると、どの範囲に影響が生じるかといった場面での利用に留める方がよいでしょう。大量の情報の参照は、一番伝えたい情報に対してノイズとなり、回答の精度が落ちやすく、処理時間も長くなります。

　Codebase 参照で必要な情報を取得したら、参照する範囲を狭め、「Normal Chat」で高性能モデルを使ったコード生成を行うことをおすすめします。

▼ 変更部分のみのコード提示プロンプト

　コードの変更を依頼するプロンプトに対して、基本的に変更対象ファイルの全コードが回答されます。そのため、コード量が多いと、レスポンスが戻るのに時間がかかり、途中で切れて「Continue」ボタンが表示されることが多くなります。

　この問題への対処として、変更コードの出力指示プロンプトで「回答は変更コードのみ」と指示することが有効です。この指示により、変更部分だけのコードが回答されるようになります。「Apply」ボタンを実行して変更を反映した後のコードは、どちらの場合でも同じになります。修正部のコードだけで十分な場合は、回答範囲を限定することで効率が向上します。

　以下は、「回答は変更コードのみ」指示の有無による回答の長さの違いの例です。

タイトルを「Tip Calculator」から「チップ計算機」に変更。

```swift
struct ContentView: View {
    @State private var amount = ""
    @State private var tipPercentage = ""

    var totalTip: Double {
        let tipPercent = Double(tipPercentage) ?? 0 / 100
        let orderAmount = Double(amount) ?? 0
        return orderAmount * tipPercent
    }

    var totalAmount: Double {
        let orderAmount = Double(amount) ?? 0
        return orderAmount + totalTip
    }

    var body: some View {
        NavigationView {
            Form {
                Section(header: Text("Bill Amount")) {
                    TextField("Enter the bill amount", text: $amount)
                        .keyboardType(.decimalPad)
                }
                Section(header: Text("チップ割合 (%) ")) {
                    TextField("チップ割合を入力", text: $tipPercentage)
                        .keyboardType(.numberPad)
                }
                Section(header: Text("チップ金額")) {
                    Text("\(totalTip, specifier: "%.2f") 円")
                }
                Section(header: Text("合計金額")) {
                    Text("\(totalAmount, specifier: "%.2f") 円")
                }
            }
            .navigationTitle("チップ計算機")
        }
    }
}
```

タイトルを「Tip Calculator」から「チップ計算機」に変更。回答は変更コードのみ。

```swift
.navigationTitle("チップ計算機")
```

ただし、すべてのコードが回答されている場合は、チャットの履歴からその部分を探し出してコードをコピーすることで、その時点のコードに復帰することが容易です。変更差分だけのコードではこの操作ができません。そのため、状況に応じて使い分けを行いましょう。

「回答は変更コードのみ」プロンプトを使用すると、それ以降のプロンプトに対する回答が変更されたコード部分のみが返される状態が続く場合があります。コード全体を回答してほしい場合は、「完全な出力」とプロンプトに指示することで、通常の状態に戻すことができます。

▼ マークアップ言語、タグ言語の Command K 変換

マークアップ言語やタグ言語は、情報の構造や階層を表現するのに適しているため、コンピュータや AI にとって理解しやすい形式です。しかし、人間にとっては必ずしもわかりやすい書式とはいえません。ある形式から別の形式に変換するには、専用のツールを探したり、作成したりする必要がありますが、より簡単で手早い方法があります。

変換したいデータの範囲を選択し、Command K のダイアログを呼び出して、「○○形式に変換してください」と指示するだけで、簡単に変換が可能です。

CSVからマークダウンの表形式に変換

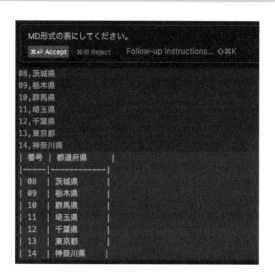

マークダウン形式からJSON形式に変換

マークダウン形式からXML形式に変換

プロンプトを構造化する場合、ChatGPTではマークダウン形式が広く使われていますが、Claudeではプロンプト・エンジニアリングのベストプラクティスの1つとして、XMLタグの使用が推奨されています。

XMLタグを使用する
`https://docs.anthropic.com/ja/docs/use-xml-tags`

それぞれのモデルでの回答の精度を上げるために、ChatGPT用のマークダウン形式プロンプトをClaude用にXML形式のプロンプトに変換してから送信することも有効ですが、その場合にもCommand Kを使った変換は便利です。

» 6.4　最後に：AIでプログラマーは不要になるか？

　CursorのようなAIエディタの登場により、プログラミングの効率は大きく向上しています。今後、大規模言語モデル（LLM）の進化に伴い、さらなる効率化が実現されていくでしょう。しかし、このことはプログラマーやプログラミング言語の知識が不要になることを意味するわけではありません。

　プログラミングには、問題解決能力、創造性、複雑なシステム設計など、AIだけでは対応できない多くの要素が含まれています。プログラマーは、これらの能力を駆使して、AIエディタで生成されたコードを適切に調整・改善し、プロジェクトの要件に合わせて最適化する役割を担っています。

　確かに、AIエディタの進化により、単純にコードを書くだけのプログラマーの必要性は下がっていくでしょう。しかし、AIエディタを効果的に活用し、高品質なソフトウェアを開発するためには、新しいタイプのプログラマーが必要とされるでしょう。彼らは、AIエディタの機能を深く理解し、その強みを引き出す必要があります。同時に、プロジェクトの要件や制約を適切に把握し、AIエディタで生成されたコードを適切にカスタマイズする能力も求められます。

　これからのプログラマーは、AIエディタとの協働を通じて、より効率的かつ創造的なソフトウェア開発を実現していく必要があります。AIエディタを使いこなし、プログラミングの新しい可能性を切り拓くプログラマーの重要性は、ますます高まっていくでしょう。

» 追補　Composer

　印刷前の最終段階で、追補できることがわかりましたので、Composer を簡単に紹介したいと思います。
　Composer は、7 月 13 日にリリースされたバージョン 0.37 で実装された強力な AI ツールです。最大の特徴は、1 つのプロンプトで複数のファイルをまとめて更新したり、新規ファイルの作成を行うことができる点です。
　⌘+I（macOS）または `Ctrl+I`（Windows）のショートカットキーで起動することができます。

　＋ボタンのファイルピッカーから選択するか、# 記号を入力して表示されるファイルリストから選択することで、複数ファイルを処理対象とすることができます（@ 記号によるシンボル参照とは異なります）。
　大きくなりすぎたファイルの分割は、Interpreter Mode を使うこともできますが、モデルが GPT-4 系に限定される上に、不安定であったり、遅かったり、効率化につながらないことがあります。Composer を使えば、好きなモデル

を使って、より高速で安定した処理を期待できます（Interpreter Mode のようにコマンドの実行はできません）。

また、⌘+Shift+I（macOS）または Ctrl+Shift+I（Windows）のショートカットキーで起動できる「コントロールパネル」からは、複数の Composer を作成して、同時に並行処理を行うことができます（「+ New composer」ボタンから新規 Composer を作成することができます）。

次のスクリーンショットは、2 つの Composer から同時に処理を行った結果の画面です（Diff 表示で変更前後の差分表示、個別の受け入れ／拒否も可能）。

1 つのプロンプトで AI アシスタントからの回答待ちになるのではなく、同時に複数の処理を行うことができるため、時間効率が大きく向上します。

Cursor には、大きく 3 つの AI 機能、Chat、Command K、Composer がありますので、上手に使い分けることで最大の効果を得ることができます。

あとがき

　Cursorを使い始めてからというもの、感動の連続で、「この素晴らしい開発環境を多くの人に知ってもらいたい、使ってもらいたい」という思いが本書を執筆する原動力となりました。

　進歩が早く、アップデートが頻繁なソフトウェアであるため、執筆にもスピードが求められました。生成AIに校正を任せるという分業体制のおかげで、以前書いた書籍と比べて倍以上のペースで書き進めることができました。しかし、主要LLMとCursorのアップデートが互い違いに訪れるため、情報の更新には苦労しました（執筆中にCursorが3日連続でアップデートされたこともありました）。

　それでも、新たな機能に驚きながら原稿を書く作業は、新鮮で、本当に楽しいものでした。生成AIによるプログラミングの分野は、今最もおもしろい技術分野なのかもしれません。本書を通じて、その魅力と可能性を読者の皆さまに感じていただけることを心から願っています。

　本書は「AIにできることは任せよう」という理念のもとに制作されました。プログラミングや原稿の校正はもちろん、第5章で使用した画像やPDFのサンプルまでChatGPT（DALL·E 3）で生成しました。表紙のカバー絵も、AdobeのFireflyで生成した後、Photoshopのニューラルフィルターで仕上げてあります。現時点の画像生成AIには細部の調整に限界がありますが、近い将来、プロンプトの対話で細かい修正が可能になるかもしれません。

　本書は、最新の生成AI技術を総合的に活用した集大成といえます。わずか1年前には、このような企画は想像すらできませんでした。AIの急速な進化と、それがもたらす可能性を実感させる1冊となりました。読者の皆様にも、AIと共に創造する未来への扉を開いていただければ幸いです。

　最後に、この企画に出版の機会を与えてくださったオーム社の皆さん、原稿に対して多くのアドバイスをいただき、素敵なカバー絵を製作していただいた編集の橋本享祐さんに心から感謝いたします。できるだけ多くの時間を執筆に充てることができるようサポートしてくれた株式会社キー・プランニングのスタッフ、そして生活のすべての面で支えてくれた妻の真弓に感謝します。

2024年6月　木下雄一朗

索引

記号・アルファベット

.cursorrules 103-104, 116
/edit コマンド 50, 81-83, 121
@ 記号 52, 92, 98
@Chat 92
@Code 56
@Codebase 67, 75, 259
@lint errors 189
@Web 57, 125

Account 108, 111
Add new doc 60-61
Add new docs 61
Add to Chat 90, 137, 139, 142, 146-147, 151, 154, 166, 189
Advanced 67-68, 259
Advanced data analysis 84
AI アシスタント viii
Always search the web 125
Amazon Bedrock 61
Android Studio 221-222, 224, 226-227, 230-231, 241, 245-246
Android Virtual Device 227
Anthropic 4, 51, 121-122, 248, 264
Anthropic API Key 51, 121
API 4, 50-51, 61, 65, 70-71, 121-122, 182, 253
API Key 4, 51, 121
App Store 206, 208
Attach to Side Panel 46
Auto parse inline edit links 126
Auto Terminal Debug 100

auto-execute 85-86
awk 132, 150-151
Azure API Key 121

BeautifulSoup 188-189
Bedrock 61-62
Beta 127-129

Change # of Fast Requests 108
ChatGPT 15, 25, 84-85, 199, 264
Claude 3, 51-52, 61, 75, 110, 120-121, 133, 149, 152, 155, 160, 175, 201, 259, 264
Claude 3 Opus 3, 52, 75
claude-3-haiku-20240229 121
claude-3-opus 51, 110, 120, 133, 149, 155, 160, 175, 201
claude-3-sonnet-20240229 121
Close AI Sidebar 48
Code Interpreter 84
Codebase 67-68, 70-71, 73, 75, 122-124, 126, 128, 211-213, 258-260
Codebase Indexing 73, 123-124, 126, 211
Command K 90-93, 95-97, 99, 130, 142, 155, 253, 262, 264
Configure keyboard shortcuts 117
Composer 265-266
Copilot++ 3, 50, 105-106, 121, 123, 125-126, 128
Create Virtual Device 227

CSS　　　73, 182
Cursor Prediction　　　105, 128
Cursor Settings　　　107, 212
cursor-small　　　3-4, 51-52, 120, 131, 134, 138, 143, 146, 152, 155
cursor-tutor　　　15, 18, 22, 32, 37

Dart　　　230
Data Privacy　　　113
Debug with AI　　　100, 137, 139, 142, 151, 154, 166, 189
Default no context　　　125
Delete Index　　　124
Device Manager　　　226-227, 231, 234
Docs　　　59-62, 64-65, 73, 92, 115, 221, 248, 251, 264
Download　　　4-5, 15, 32, 167, 221, 223
DropdownButton　　　243-244

Editor　　　46, 116, 123, 125-126, 189, 192-193, 204
Excel　　　148-149, 151
execute　　　87

Fade chat stream　　　125
Features　　　119, 121, 123, 125-126
Files　　　53-54, 65, 69, 73, 92, 98, 160, 168, 193, 196, 201
Files to exclude　　　69
Files to include　　　69
Final Codebase Context　　　71
Fix with AI　　　36
Flutter　　　220-227, 229-231, 233-235, 237-241, 243-247
Flutter Hot Reload　　　234, 241, 245-246

Flutter SDK path　　　224
Follow-up instructions　　　94-95, 132, 147, 149, 154
Follow-up or edit instructions　　　94, 96
Force model　　　105

Gemini-1.5-flash　　　259
getting_started.md　　　12
Ghostscript　　　142
Git　　　66, 128, 254
GitHub　　　7-8, 15, 247, 250
Go　　　166-174
Google　　　7-8, 121-122
Google API Key　　　121
GPT-3.5　　　51, 69, 120
gpt-3.5-chain-of-thought　　　69
gpt-3.5-turbo　　　109, 120
GPT-4　　　3-4, 51-52, 58, 109, 114, 120-121, 128, 133, 141, 160, 168, 201, 251, 258
gpt-4o　　　51, 168, 182, 193, 196, 212, 258
gpt-4　　　109

Hard limit　　　110
Homebrew　　　17, 25, 166
HTML　　　73, 102, 105, 180, 182-184

iconv　　　154
IDE　　　206
Image　　　73, 91
ImageMagick　　　137, 139
include .cursorrules file　　　116
Interpreter Mode　　　49-50, 84-86, 88-89, 121, 127, 168-173, 193-196, 199-200, 238
Java　　　223

JavaScript 32-33, 35
JDK 223-224
JSON 38, 255, 263

Kotlin 226

Lint errors 66, 87, 189
Long Context Chat 49, 110, 121, 128, 258

Manage Subscription 108
Membership 110
Mention 53-55, 57, 59, 75, 92, 160, 168, 193, 196, 201
Models 120, 122
mogrify 135, 137

New Chat 48, 200
nkf 152, 154
No context 54, 125, 137
Node.js 32, 34, 38
None 162, 164, 208-209
Normal Chat 49, 51, 91, 175, 182, 200, 212, 258, 260
npm 34-35, 38
Number of results per search 68, 259-260
NumPy 102

Open Chat in Editor Tab 46
OpenAI 3-4, 51, 70-71, 113, 122, 248
OpenAI API Key 121
OpenAI Zero-data-retention 3, 113
Optional Usage-Based Pricing 109, 113
OSS 250
package.json 38

Pandas 102, 161, 163, 166
PDF 140-142
pip 174
PNG 134-135, 138, 155-156
PowerShell 16, 142
Previous Chats 47
Privacy mode 6-7, 113, 119
pwd 37
PyGame 174-175, 177, 179
Python 15-19
Python 拡張機能 17

quick question 93-94, 96, 131-132, 149, 156

RAG 59, 69-70
React 15, 32, 35, 38, 43
README.md 37
Reasoning step 70
Reject 77, 82, 117, 253
Reopen with Encoding 153
Reply 78, 80
requests 108-109, 188-189
Reranker 69
Resync Index 124
Rules for AI 101-102, 104, 116, 173

Search chats 48
SHARE WITH TEAM 115
Show chat/edit toolbar 125
Show settings 124
show terminal hover hint 126
SQL 96, 189-193
SQLite 189
SQLite3 Editor 189, 192-193, 204
Swift 206
SwiftUI 208

Team	111, 114-115, 208	オセロ	174-180

Terminal	110, 123, 126, 172
Terminal hint	126
Tkinter	25, 30, 100
Toggle AI Pane	48

| Upgrade to Business | 109-110 |
| USED | 54-55, 57, 213 |

Visual Studio Code	9-10
VSCode Extensions	6
VS Code Import	116

| WILL USE | 53 |
| with codebase | 75, 212 |

| Xcode | 206-207 |
| XML | 263-264 |

| Yearly Billing | 111 |

カ行

カスタムモデル	105, 121
画像処理	137, 139
仮想デバイス	226
環境変数	16, 167, 221
関数	54-56, 80, 86-88, 92-93, 102, 161, 164, 229, 234, 236, 238, 241, 244
クエリー	190, 200-205, 259
コーディング規約	102-104
コードの保護	253
コードブロック	56, 80, 147, 163, 175, 178, 183, 185, 187, 203, 214, 230-231, 238, 241, 244-246, 253-254
コードベース	46, 49, 55, 66, 68, 70-71, 105, 124, 126, 211-213, 221, 258-259
コード補完	105
コマンドパレット	119
コマンドプロンプト	16, 167, 192, 223
コマンドライン	9, 21, 88-89, 99, 147
コマンド履歴	173, 178, 186-187
コメント	20, 30, 85, 95, 102, 118, 184
コンテキスト	36, 49, 68, 125, 128, 212, 258-259

ア行

アクセシビリティ	240
アクティビティバー	254-255
アクティビティーバー	12
アルゴリズム	69
インストール	4-6
インデックス	55, 64, 124-125, 212, 259-260
イントラネット	65
ウィジェット	243-244
エミュレーター	221, 231-232, 234, 242, 245-246
エモーションプロンプト	89
エンコーディング	153-154

サ行

| サイドバー | 9, 12, 18, 22, 32, 35, 45, 88, 119, 159, 175, 182, 192-194, 196, 254-255 |
| サブスクリプション | 108-110 |

三目並べ　　　18, 19-20, 23-25, 27, 30, 35, 38-39, 84, 93, 100, 166-167, 168-169, 171, 173

シェルコマンド　　49, 85, 96
シェルスクリプト　　131, 142, 155-157
自動保存　　116
シバン　　157
シンボル参照　　52-53, 62, 73, 75, 92, 96, 98, 125-126, 168, 230, 251, 256

スクリーンショット　　45, 73-74, 156, 251
スニペット　　67
スマートフォン　　221, 226, 232, 249
スライダー　　221, 228-229, 235, 237, 239-240, 242-243, 245

正規表現　　158, 165, 188
セキュリティ　　3, 167
選択リスト　　249

タ行

大規模言語モデル　　264
タイトルバー　　12, 21, 48, 107
ダッシュボード　　112, 114

チェックボックス　　16, 249
チャット　　20
チャットペイン　　117-118
チャットボット　　59
チャットモード　　48-49, 85, 118, 127, 168, 175, 182, 193, 200, 212, 258
チャンク　　70-71

ツールチップ　　90, 126

デザインパターン　　252
データ保護　　3, 7, 72
デバッグ　　17, 38, 40, 100, 145, 162, 211, 252
テーブル定義　　191, 195
テンプレート　　207

ドキュメント　　2, 59-62, 64-65, 70, 102, 248, 251
トグル　　12, 21, 67-68, 71, 109, 113, 115, 120, 123-124, 259
トークン　　49, 121-122, 258-259

ナ行

ナビゲーション　　229-230, 237
ナレッジカットオフ　　58

ネットワーク設定　　130

ハ行

バージョン管理　　65, 254
パッケージマネージャ　　25
パフォーマンス　　93, 259
パーミッション　　156

ビジョン機能　　121, 251
ビルド　　170-174, 217-218, 234

プライバシーモード　　119
プライマリサイドバー　　12, 18, 22, 32, 35
プレースホルダー　　12, 91, 124, 240
フレームワーク　　10, 103, 251
プロジェクト　　24, 37-38, 44, 67, 70, 73, 103-104, 118, 155, 206-212, 218, 224, 226-227, 230, 250, 258-260, 264

プロンプトエンジニアリング　　248, 264
プロンプトバー　　91-92, 147, 155-156, 165, 171, 176, 183

ベクトル　　70-71
ベクトルデータベース　　70
ベストプラクティス　　103, 252-253
変数　　66, 92, 102, 140, 230, 237

マ行

マークアップ言語　　262

命名規則　　140
メニューバー　　10, 226, 255

文字コード　　152-154
モジュール　　86, 88, 100, 102, 253-254
モックアップ　　73, 249
モデル　　viii

ヤ行

四目並べ　　73

ラ行

ライブラリ　　2, 23, 25, 102-103, 137, 139, 142, 144, 147, 151, 154, 166, 174, 180, 188-189, 199, 250

リファクタリング　　252
利用規約　　180

ルール　　101-104, 116
レイアウト　　180, 240, 249
レスポンス　　3, 52, 260
レビュー　　128, 249

ワ行

ワンライナー　　131-132, 138, 141, 149

〈著者略歴〉

木下 雄一朗（きのした ゆういちろう）

株式会社キー・プランニング 代表取締役。
コンサルティング会社勤務を経て、同社を設立。データベースとWebアプリケーション開発を主力事業とし、多くの企業の業務効率化に貢献。近年は生成AIの活用に注力し、「生成AIとプログラミング」をテーマに精力的に活動中。AIを活用した次世代のソフトウェア開発手法を提唱。
著書に「プロフェッショナルWebデータベースプロデュース」（SCC）、「FileMakerデータベース問題解決ガイド」（角川アスキー総合研究所）、「FileMakerデータベース開発テクニック」（アスキー）など7冊がある。

- 本書の内容に関する質問は、オーム社ホームページの「サポート」から、「お問合せ」の「書籍に関するお問合せ」をご参照いただくか、または書状にてオーム社編集局宛にお願いします。お受けできる質問は本書で紹介した内容に限らせていただきます。なお、電話での質問にはお答えできませんので、あらかじめご了承ください。
- 万一、落丁・乱丁の場合は、送料当社負担でお取替えいたします。当社販売課宛にお送りください。
- 本書の一部の複写複製を希望される場合は、本書扉裏を参照してください。

JCOPY ＜出版者著作権管理機構 委託出版物＞

AIエディタ Cursor 完全ガイド
― やりたいことを伝えるだけでできる新世代プログラミング ―

2024年 9月 5日　第1版第1刷発行
2025年 5月10日　第1版第3刷発行

著　　者　木下雄一朗
発 行 者　髙田光明
発 行 所　株式会社 オーム社
　　　　　郵便番号　101-8460
　　　　　東京都千代田区神田錦町3-1
　　　　　電話　03(3233)0641(代表)
　　　　　URL　https://www.ohmsha.co.jp/

© 木下雄一朗 2024

印刷・製本　三美印刷
ISBN978-4-274-23242-8　Printed in Japan

本書の感想募集　https://www.ohmsha.co.jp/kansou/
本書をお読みになった感想を上記サイトまでお寄せください。
お寄せいただいた方には、抽選でプレゼントを差し上げます。